城市标准化战略研究丛书

丛书总策划：赵长山

首都标准化

中关村科技园区实证研究

赵朝义　冷　民　薛海宁　等◎著

Capital Standardization: Empirical Study on Zhongguancun Science Park

科学出版社

北　京

图书在版编目(CIP)数据

首都标准化：中关村科技园区实证研究/赵朝义等著.—北京：科学出版社，2011.5

(城市标准化战略研究丛书/赵长山)

ISBN 978-7-03-030191-8

Ⅰ.①首… Ⅱ ①赵… Ⅲ.①高技术-经济开发区-标准化-研究-北京市 Ⅳ.①G307.72②F127.1

中国版本图书馆CIP数据核字（2011）第019895号

责任编辑：付 艳 石 卉 / 责任校对：张 林
责任印制：赵 博 / 封面设计：无极书装
编辑部电话：010-64035853
E-mail：houjunlin@mail.sciencep.com

科学出版社 出版
北京东黄城根北街16号
邮政编码 100717
http://www.sciencep.com

北京凌奇印刷有限责任公司印刷

科学出版社发行 各地新华书店经销

*

2011年5月第 一 版 开本：720×1000 1/16
2025年4月第五次印刷 印张：11 3/4
字数：211 000

定价：88.00 元

（如有印装质量问题，我社负责调换）

“城市标准化战略研究丛书”

总策划 赵长山

“城市标准化战略研究丛书”组委会

“城市标准化战略研究丛书”编委会

总 序

标准化是经济和社会发展的重要技术基础，是目前国际市场竞争的主要形式之一，是建设创新型国家和社会的重要技术支撑，是增强自主创新能力的重要内容，是规范市场经济秩序的重要技术手段，是调整产业结构、转变经济增长方式的中心环节。标准化研究是以实现技术创新和管理现代化为宗旨，以支撑经济、科技、社会的持续创新发展为目标，针对技术创新和管理实践中出现的复杂性、综合性、系统性的问题，通过综合运用自然科学、社会科学、工程技术和管理科学等多门多学科知识，运用定性和定量相结合的系统分析方法和论证手段，进行的一种跨学科、多层次的科研活动。

2003 年，北京市开展了“北京市技术标准发展战略研究”活动并参与国家技术标准战略的城市试点和企业试点工作，取得了“北京市技术标准发展战略研究”、“北京市 WTO/TBT 预警体系建设研究”、“北京市技术标准支撑体系研究”等 20 多项战略性研究成果。结合北京市经济和社会发展的实际，“北京市技术标准发展战略研究”提出了“以科技创新为驱动，协调科技研发与技术标准的发展，促进北京地区研制先进标准和参与国际标准竞争；以标准实施为手段，将技术标准与市场化运作相结合，全面提升北京地区产业竞争力和城市管理水平；以标准化服务为保障，发展标准咨询服务业，为北京发展提供新的经济增长点”的标准发展战略。研制和实施技术标准成为北京自主创新能力建设的一项重要内容，极大地推动了北京市标准化工作的开展。

几年来，北京市标准化工作围绕市委、市政府的中心工作，以促进首都经济社会发展为重点内容，全面完成了各项工作任务，达到了预期目标，标准化工作的战略地位和基础性进一步显现。特别是2008北京奥运之年，北京市围绕“绿色奥运、科技奥运、人文奥运”三大理念，开展了一系列标准化工作，建立了以奥运服务保障为核心的奥运标准体系，为奥运会的成功举办和北京市的经济社会发展提供了卓有成效的技术支撑。从总体上看，首都标准化的研究已经进入政府的相关决策中，成为决策和政策制定的重要依据，具有战略性和前瞻性，在科学把握宏观形势、明确发展战略方向方面发挥了重要作用，为解决经济社会发展的重大决策问题做出了突出贡献。

目前，首都标准化事业聚集了大量优秀人才，形成了一支具有多学科背景、知识结构较为合理、实践经验丰富的人才队伍。为了进一步发挥标准化在首都经济和社会发展中的支撑作用，促进标准化成果的推广应用，中国标准化研究院和北京市标准化研究所牵头承担了北京市科学技术委员会软科学课题。该课题研究分析首都经济、社会发展对标准化的需求；对比分析国内外相关国家或地区的标准化发展战略及实施纲要的特点，以及对首都的借鉴之处；在北京技术标准战略、知识产权战略等的基础上，结合首都经济、社会发展的需求，提出首都标准化发展战略。课题具体开展首都标准化工作现状与发展问题研究、标准化在首都经济社会发展中的作用研究、首都标准化发展战略目标与战略取向研究、首都标准化发展战略重点研究、首都标准化发展战略推进机制与策略研究、标准实施效果的评价方法和模型、首都标准化发展战略试点等方面的研究，最后形成1个总报告、14个分报告。

总报告：首都标准化战略研究报告。

分报告：

（1） 首都标准化工作现状与发展问题研究报告；

（2） 标准化在首都经济社会发展中的作用研究报告；

（3） 首都标准化战略目标与战略取向研究报告；

（4）首都标准化战略重点研究报告；

（5）首都标准化战略推进机制与策略研究报告；

（6）科技研发、产业促进与标准化协调发展的机制研究报告；

（7）标准实施中的标准冲突解决机制研究报告；

（8）标准实施效果的评价模型及指标体系研究报告；

（9）北京文化创意产业标准化研究；

（10）中关村科技园区标准战略研究报告；

（11）城市养老服务标准化的试点情况报告；

（12）城市公共交通领域标准化试点情况报告；

（13）标准促进技术创新和企业发展的试点；

（14）标准化专业服务机构运作模式试点情况报告。

为了加强对标准化的宣传，扩大“首都标准化发展战略及推进机制研究”的成果，课题组决定在上述研究报告的基础上，整理编辑出版“城市标准化战略研究丛书”。

“城市标准化战略研究丛书”共六册，分别是《首都标准化：战略推进机制》、《首都标准化发展战略》、《首都标准化：发展战略重点》、《首都标准化：现状与前景》、《首都文化创意产业标准化》和《首都标准化：中关村科技园区实证研究》。这套丛书的出版对于促进标准化研究优秀成果的推广应用、提升标准化研究的社会影响力、推动标准化事业的全面发展具有重要意义。

中国工程院院士

中国社会科学院学部委员

俄罗斯科学院外籍院士

2010年1月

前言

中关村科技园区起源于20世纪80年代初的“中关村电子一条街”，1988年经国务院批准成为我国第一家高科技园区，2009年国务院同意支持中关村科技园区建设国家自主创新示范区。经过20多年的发展，中关村科技园区已经成为中国的创新中心、首都高新技术产业发展的龙头和中国高新技术产业的品牌。中关村科技园区的发展始终牵动着全国乃至全球对中国高新技术产业关注的目光，也始终引领着中国高新技术产业发展的方向。

随着北京经济和科技的快速发展，高新技术产业在首都社会经济中的地位越来越重要。未来15～20年是我国科技、经济的战略发展时期，是我国提高自主创新能力、建设创新型国家的重要时期，也是北京市科技、经济发展的重要战略时期。标准化是现代产业文明发展的助推器，也是实施科技创新成果转化为生产力的桥梁和纽带。研究表明，标准化工作是自主创新能力提升和跨越发展的重要技术支撑。《国家中长期科学和技术发展规划纲要（2006—2020年）》中明确提出实施技术标准战略，《中关村科技园区发展战略纲要（2008—2020年）》中也提出实施标准战略，如何在中关村科技园区已经取得的显著成绩的基础上，发挥标准化在促进高新技术产业化、推动创新成果迅速转化为现实生产力等方面的重要作用，支撑中关村科技园区国家自主创新示范区的建设，成为新时期中关村科技园区标准化发展战略所面对的新需求和新任务。

本书是在“中关村科技园区标准战略研究”课题的基础上，经凝练、修改和补充后编写而成的。本书从中关村科技园区标准化发展所面临的环境入手，重点分析了高新技术产业发展所面临的国际背景及我国高新技术产业标准化活动的特点。以中关村特色主导产业为基础，结合世界前沿技术发展，详细分析了中关村科技园区的电子信息、新能源与节能环保、新材料、生物工程及新医药技术、先进制造、其他新兴产业等六个重点产业领域的发展现状。通过对二万余项国家标准和四万余项行业标准的起草单位的统计分析，得出了园区企业参与起草国家标准和行业标准的数量、技术领域及发展趋势等翔实的数据；全面统计与分析了园区企业参与全国专业标准化技术委员会及工业和信息化部电子行业标准工作组的情况。分析总结了中关村科技园区的标准化工作环境和各产业领域的标准化特点。从标准与知识产权问题、高新技术产业联盟的标准化问题及标准重点领域选择问题等方面对高新技术产业标准化发展面临的关键问题进行了理论探讨。运用SWOT分析方法，比较分析了中关村科技园区标准化发展的外部环境和园区自身的资源和条件，明确了战略指导思想，确定了战略目标、战略选择和战略任务，提出了中关村科技园区标准化发展重点及园区标准化战略的措施与建议。

本书各章执笔和（或）统稿人员如下：

第二章第一节、第四章第三节：冷民、张洁；

第三章第一节：赵朝义；

第三章第二节：赵文慧、赵朝义；

第三章第三节：冷民、魏诗洋；

其余章节：赵朝义、薛海宁；

全书由赵朝义统稿。

在课题研究过程中我们得到了北京市质量技术监督局和中关村科技园区管理委员会的大力支持、指导和帮助。北京市质量技术监督局赵长山局长、陈言楷处长、钟铧章副处长多次听取课题汇报，指导课题研究，特别是钟铧章副处长直接参与了课题组的讨论和研究，并为课题提供了大量基础资料。中国标准化研究院副总工白殿一研究员对课题研究给予了热忱的指导和建议。中国标准化研究院国家标准馆和北京市标准化研究所为课题的研究提供了国家标准和行业标准的基础数据，中关村标准化示范区服务中心王海虹主任提供了大量的中关村科技园区标准化的基础数据。在课题研究的过程中，逄征虎、谢强华、盛江峰等参与了课题研究的讨论，提供了很好的建议；朱艳芸、李春香对课题研究的部分基础数据进行了分析，参与了研究报告初稿的撰写工作。另外，北京市天元网络股份有限公司、中国普天信息产业股份有限公司、北京人大金仓信息技术股份有限公司、北京牡丹视源电子责任有限公司、北京超图软件股份有限公司等众多园区企业接受了课题组的实地走访、调研。在此，课题组对所有支持和帮助本项研究的领导、专家、学者及有关人士表示诚挚的谢意。

本书是以中关村科技园为例，对区域高新技术领域标准化发展战略的一个探索性研究。由于时间和资料所限，研究中还有许多不完善之处有待进一步深入，书中的不妥之处，欢迎读者批评指正。

中关村科技园区标准战略研究课题组

2010年8月31日

目 录

第一章　中关村科技园区标准化发展背景分析

标准化是经济和社会发展的重要技术基础，它不仅支持着生产和技术的发展，而且被越来越多地应用于管理、服务、贸易和其他领域，并在保障产品的质量和安全、促进对外贸易和经济结构调整、实现科技创新和产业升级等方面发挥着不可替代的作用。标准化是公认的现代产业文明发展的助推器，也是实施科技创新成果转化的工具和路径。

第一节　高新技术产业发展面临的国际背景

随着经济全球化和信息化进程的加快，世界各国相互依存的程度越来越高，同时也加剧了企业之间的竞争。抢占国际竞争中的制高点的实质体现在创新能力的竞争，并进一步表现为将创新成果转化为标准进而转化为现实经济效益的竞争。各国政府和企业越来越重视标准化研究，纷纷制订和实施标准化发展战略，旨在保持其在国际市场的竞争优势。

一、高新技术产业发展面临的全球化背景

近年来，世界标准化活动的发展，出现了两个值得注意的新动向。一是标准与国际贸易的关系越来越密切，成为非关税壁垒的主要形式。随着经济全球

化，特别是世界贸易的发展，标准化活动作为人类社会的一种特定活动，已经从过去主要解决工业化大生产零部件的通用性和互换性问题，更多地演变为一个国家实行贸易保护的重要壁垒。许多国家将维护本国经济利益的目光转向标准，通过标准中技术要素和技术指标的设立，保护本国的企业。对于发展中国家来说，某些标准可能成为限制其产品向发达国家出口的铜墙铁壁。近年来，发展中国家受贸易技术壁垒限制的案例，大约是发达国家的 3.5 倍。二是标准与专利技术越来越密不可分，成为跨国公司垄断市场的重要工具。传统产业由于技术更迭缓慢，效益主要取决于生产规模和产品质量，标准在大多数情况下与专利是分离的，带有公益性。但是对于高新技术产业来说，效益更多地取决于技术创新和知识产权，标准便逐渐成为专利技术追求的最高形式。由于技术标准的竞争，说到底是对未来市场份额和国家经济利益的竞争，所以标准不仅在产品领域受到高度青睐，而且已经延伸到现代服务业。

二、高新技术产品市场竞争首先表现为标准之争

在高新技术领域，企业的经济利益更多地取决于技术创新、知识产权和标准。占有知识产权和具有竞争力的标准成为知识经济时代衡量企业乃至国家核心竞争力的重要指标。世界范围内的标准竞争日趋激烈，与贸易相关的知识产权条约在促进国家间技术转移的同时，也使发达国家将标准、知识产权作为保持其技术垄断地位和竞争优势的重要手段，加大了发展中国家获取技术的成本。标准先行是高新技术产品市场竞争的鲜明特点。在传统工业化时代，标准是后补型的，往往是先有产品，后有标准。但在知识经济时代的今天，往往是标准先行，谁制订的标准被世界所认同，谁就会从中获得巨大的市场和由此带来的经济利益。以信息领域为例，互联网在应用前就制订了 IP 协议；在高清晰度数字电视和第三代移动通信尚未产业化前，标准之战就已如火如荼。移动通信标准更是一个典型的佐证，GSM 作为目前第二代移动通信标准，其相应的核心技术一直牢牢掌握在欧美几个大公司的手里。通过 GSM 通信标准，这些公司牢牢控制着市场，获取了高额的利润。随着第三代移动通信标准逐步走向市场，美国高通公司短时间内就从名不见经传的小企业发展为通信业巨头，正是因为它掌握了 WCDMA 的核心技术，并使其成为

第三代移动通信技术的标准之一。关于中国无线局域网国家标准 WAPI 的争论，以及其实施日期被推迟的事件，充分说明了在国际高新技术领域竞争中首先表现出来的是标准的竞争。

三、主导国际标准成为国际经济竞争的重要策略

在经济全球化、国际竞争日益激烈的今天，无论是国家还是地区、企业都应该清醒地认识到：知识产权比知识本身更重要，标准比技术本身更重要。知识产权是知识价值的权利化；标准是技术成果的规范化。当今世界，谁掌握了制订规则的权力，谁就有了在国际贸易竞争上的主动地位，也就有了将标准技术转化为经济效益的能力。未来标准的竞争也是国家利益与企业利益的竞争。如果某企业的技术被吸收到国家或国际标准中去，它就能在行业上处于主动地位，甚至成为国内与国际的领跑者，而其他企业则需要投入资金进行技术更新才能达到标准的要求，这就为该企业赢得了一定的竞争优势和进行新一轮创新的有利时机。

随着标准在国际贸易中的作用越来越重要，主要发达国家和跨国企业纷纷把以争夺和主导国际标准为目标的国际标准竞争策略作为国际经济竞争的首选策略。发达国家在相关国际机构中争夺国际标准的起草权、参与权和领导权的竞争也随之展开，其白热化程度同商品市场相比也毫不逊色。20 世纪 80 年代至 90 年代初，美国以专利技术、日本以制造技术作为国际经济竞争的首选策略，但由于对国际标准重视不够，致使其经济损失惨重。根据美国商务部的统计，在每 1500 亿美元的出口贸易中，就有 200 亿～400 亿美元的商品遭遇技术壁垒，其主要原因之一就是由于国际标准没有反映美国技术。20 世纪 90 年代初，日本研制的 PDC 制式手机，其技术和质量均属世界一流，为了独自占有市场，日本没有以这项技术为基础进行国际标准提案，其结果是这项技术没有相应的国际标准作为依托，日本的手机也未能打开国际市场而只能在本国销售。而欧洲研制的 GSM 制式手机技术在 1992 年形成了欧洲电信标准协会（ETSI）标准，接口技术公开，产品销往 135 个国家，占领了世界 66%的市场。许多国家和企业认真总结了 20 世纪 80 年代至 90 年代初国际经济竞争的经验，认识到一项专利通常只能涉及一个产品，而一项标准被国际标准承认或采纳之后，往往会影响

一个企业、一个行业、一个国家、一个区域，甚至整个世界，可带来极大的经济效益。因此，国际标准具有引导国际市场的作用，争夺和主导国际标准是应对国际市场竞争的有力武器。

第二节　国家高新技术产业标准化活动分析

随着我国经济和科技的快速发展，高新技术产业在社会经济中的地位越来越重要，政府出台了一系列政策和措施，用来支持和促进高新技术产业的快速发展。建设高新技术产业开发区是中国经济和科技体制改革的重要成果，是适应中国国情的发展高新技术产业的有效途径。我国高新技术产业的标准化工作取得了重要的进展，具有鲜明的产业特点。

一、标准成为高新技术企业参与市场竞争的助推器

标准作为市场竞争的游戏规则，在促进产业的延伸和市场的拓展方面发挥着十分重要的作用，尤其在高新技术产业中的表现更为突出。一项新标准被采纳，会对涉及该标准的上下游产业及相关产业产生巨大的波及效应。信息化是新技术的产物，在这一领域中科技更需要与标准紧密结合。新的信息技术往往在产业化之前，就要对制式、接口等问题进行事先约定，也就是标准化需要先行，并通过构筑标准化平台，实现互通、互连和资源共享。

标准能够加速科技成果占领市场的进程。标准的制订和推广意味着在不同企业之间建立了一个需要共同遵守的约定，市场上的企业均以此为基础开展生产活动。这在一定程度上降低了科技研发的风险，减少了市场中的信息不对称现象，极大地缩短了产品生产和市场推广周期，加快了标准拥有者占领市场的步伐。

在市场经济体制下，每一个新标准的确立，都意味着潜在市场机会的出现和竞争格局的重新调整。因此，标准的确立不但牵动着单个企业的命运，而且可以带动整个产业乃至相关产业的发展，进而表现为群体突破的态势。

高新技术企业在日趋激烈的国际竞争中，充分认识到标准化在经营管理和市场竞争中的关键作用。高新技术企业通过参与国家标准、行业标准制（修）

订，创制企业标准等，固化和沉淀先进技术，规范技术发展和抢占市场先机，运用标准化手段提高科研、生产管理水平和市场竞争力。标准正在成为高新技术企业参与市场竞争的重要武器和工具。

二、标准化成为企业实现技术成果快速转化的重要途径

科技创新能力是企业实力的重要表现之一，科技成果能否转化为现实生产力则体现了企业的竞争力，在将科技成果转变为生产力的过程中，标准起着桥梁和催化剂的作用。在科技成果产业化的过程中，除了需要资金、人力、规模化生产等软、硬件条件以外，标准是其非常重要的支持条件。由于标准是科技成果产业化的基础，所以在把新技术转化为产品及采用新技术后产业结构优化升级的过程中都离不开标准，需要通过技术和流程的标准化，实现生产的规模化。标准促使科技成果迅速转化为新产品进而形成产业，加速产业结构优化升级，带动信息化和工业化的快速发展。

许多高新技术企业已经认识到标准化在科技成果转化过程中的关键作用，企业在不断增加研发投入、科技创新的同时，将标准化贯穿于技术创新和新产品开发的全过程。科研成果可以形成专利，企业也可以将其拥有自主知识产权的核心技术纳入企业标准，并通过标准这个载体，推出具有自主知识产权的新产品，使其生产标准化，提高产品的科技含量和企业效益。通过引入标准化，不仅可以大幅度缩短新产品的研制周期、节省大量研制经费，还可以在标准制订过程中吸纳同行、用户、产业链上下游供应商和服务商的技术和经验，从而改进产品质量，提高产品的安全性、通用性和可靠性，促进技术成果快速转化为生产力。

三、标准与知识产权结合成为高新技术标准化的显著特点

近几年来，由于我国政府的高度重视和政策支持，我国高新技术产业的发展环境得到了极大改善，科技创新能力也得到了逐步提高。1991 年以来，在全国范围内先后共批准建立了 53 个国家高新技术产业开发区。开发区建设促进了高新技术企业的快速发展，并已经成为特色产业集聚的发展区和区域经济发展的重要载体，极大地促进了我国以高新技术产业为主体的新经济的形成与发展。

高新技术企业对研发方面的投入持续增长，科技研发环境的改善和科技创新能力的提高，是产生具有较强竞争力的标准的基础。

对于高新技术企业，先进技术的推广普及有赖于标准的制订和使用，标准与知识产权相互渗透成为高新技术产业标准化的重要特点。随着公众和企业知识产权意识的增强，先进技术不断被专利等各种知识产权保护起来。标准如不采用这些先进技术，势必影响标准的先进性和市场适用性，影响先进技术的迅速传播。高新技术企业一般都具有大量的自主创新技术和知识产权，为了尽快占领国内市场并进入国际市场，多数企业采取了标准与知识产权相结合的模式，将自主知识产权的技术纳入企业标准或联盟标准中，通过标准的实施和推广，扩大企业的竞争优势。

四、企业的标准化意识得到普遍提高

鉴于高新技术产业的特殊性和走向国际的实际需求，高新技术企业逐步认识到标准化对于企业发展的重要作用。一些有规模的企业成立了专门的标准化部门和设有专职的标准化人员，并划拨专门的标准化创新基金。一部分企业还制订了企业标准化发展战略，创建了标准化良好行为规范等。

随着高新技术企业的标准化意识日益增强，许多拥有核心技术的企业在对专利技术在标准中的作用的认识上发生了很大的变化。它们不再过多地强调专利技术通过标准直接带给企业的利益是多少，而是愿意在“公开、透明、无歧视”的国际规则下，通过制（修）订国际、国家、行业标准来反映企业的技术，争取成为规则的制订者，在共赢中争取有利位置。

在高新技术产业开发区中，产学研深度联合，产业集聚格局逐步形成。以龙头企业带动、上下游企业联动，并与科研机构、高校等学术机构深度合作的标准化创新机制正在形成，促进了新的产业链和经济增长点的形成，推动了产业结构调整，使企业的生产逐步由粗放型、分散型的传统模式走向集约化、规模化和国际化，形成了一系列高新技术产业集群。

五、国家高新技术产业标准化机制从示范到推广

自 2005 年以来，国家标准化管理委员会在全国范围内已经先后批复建立了

西安、杭州、深圳、上海、北京、重庆、无锡、福州、青岛、成都10个国家高新技术产业标准化示范区和南昌高新技术产业集群标准化示范基地。通过示范区的建设，促进了科技成果迅速产业化，为解决科技成果产业化过程中的标准滞后、缺失等问题探索出有效的解决办法；形成了支持企业标准化的系列政策和措施；建立了高新区标准化工作服务支撑体系；增强了企业自主创新能力，促进了我国高新技术产业结构的调整和生产力水平的提升。例如，2007年以来，青岛国家高新技术产业标准化示范区参与标准化活动的企事业单位的数量占全市总量的40%以上。其中，承担全国专业标准化技术委员会（TC）、全国专业标准化分技术委员会（SC）秘书处工作的有10家，占全市总量的50%；主持或参与制（修）订国际标准、国家标准、行业标准、地方标准约147余项，占全市总量的41%；创建标准化良好行为企业30家，占全市总量的44%[①]。通过创建标准化示范区，积极引导高新技术企业参与标准化技术组织活动，充分发挥了标准化在高新技术成果产业化中的作用。

标准化示范区建设的成果将在全国高新技术产业中进行推广，充分发挥示范区的示范先行优势，以点带面，进而全面推进全国高新技术产业标准化工作的有效开展。

第三节　中关村科技园区发展对标准化提出战略性需求

经过20年的发展，中关村科技园区已经成为中国的创新中心、首都高新技术产业发展的龙头和中国高新技术产业的品牌。园区作为中国最具代表性、产业集群最丰富、标准化示范先行最明显的区域，在高新技术产业标准化工作方面取得了显著成绩。

中关村科技园区虽然成绩斐然，但也存在着一些不足。第一，自主创新成果产业化能力有待进一步加强；第二，大型高科技企业的骨干作用尚未充分发挥，在关键领域拥有自主知识产权的成果还较少；第三，技术成果转化机制没有完全建立，仍然存在着技术与经济、科技与企业脱节的现象。这些问题的存

---

① 青岛金质网 . http://www.qdqts.gov.cn/showhews.asp? id=7223

在制约了园区的进一步发展，也对园区的标准化战略提出了新的需求。如何通过标准化的手段和工具，促进园区高新技术产业的发展，成为标准化战略的目的所在。

2009年，北京市委、市政府召开建设中关村国家自主创新示范区动员大会，正式公布了《国务院关于同意支持中关村科技园区建设国家自主创新示范区的批复》。如何在园区已经取得的显著成绩的基础上，发挥标准化在促进高新技术产业化、推动创新成果迅速转化为现实生产力等方面的重要作用，支撑园区国家自主创新示范区的建设，成为新时期园区标准化战略所面对的新需求和新任务。

因此，非常有必要在充分掌握中关村科技园区标准化现状的基础上，通过分析研究高新技术产业标准化的特点，提出适合园区产业发展特点的标准战略目标和任务、战略选择、标准化发展重点，以及战略措施和建议，以指导园区标准化工作，从而推动中关村国家自主创新示范区的建设。

第二章　中关村科技园区产业标准化现状分析

中关村科技园区以高新技术产业为主，产业发展对标准化工作提出了新的需求，同时标准化工作也在推动产业发展。本章主要分析园区产业发展和标准化现状，为园区标准战略研究奠定数据基础。

第一节　中关村科技园区产业发展现状分析

产业的不同发展阶段需要不同的标准化发展战略。本章以中关村科技园区特色主导产业为基础，结合世界前沿技术发展，选择园区的电子信息、新能源与节能环保、新材料、生物工程及新医药技术、先进制造、现代服务业六个重点产业领域进行产业发展现状分析，为园区标准化发展战略的制订奠定基础。

一、电子信息产业

1. 产业发展现状

电子信息产业占据了中关村科技园区产业发展的半壁江山，既是高新科技产业中的重点行业，同时也是技术标准的关键领域。

当前，全球已经进入了信息社会时代。信息、通信与电子产业（以下统称为“电子信息产业”）不仅继续保持着自20世纪90年代以来的快速发展和不断创新的趋势，新技术、新成果不断涌现，存储器、处理器、传感器、显示器、通信设备等核心技术的运行速度更快、性能更好、成本更低、使用也更为简便；而且与经济、社会的集成与融合更加紧密，被视为21世纪的主导产业和国民经济的支柱产业之一。

在电子信息产业中，微电子是基础；计算机、通信及网络设施是载体；软件是核心，主要有通信技术、软件技术、计算机技术、计算机网络与信息安全技术、集成电路技术、音视频技术等几个核心技术领域。从产业发展的情况来看，尽管2008年爆发的全球金融危机和经济萧条极大地削弱了电子信息产业的投资和消费需求，全球电子信息产业总产值较前一年下降约6个百分点，但各国仍对发展下一代通信、通用芯片、人工智能、高性能计算与网络、消费类电子、网络安全等技术领域给予高度重视，全球信息技术研发投入持续增长。

在我国，电子信息产业早已成为国民经济和高新技术产业中的支柱产业。2007年，我国电子信息产业销售收入达到56 000亿元，增加值为13 000亿元，并计划在“十一五”末，即2010年总收入达到100 000亿元，增加值为26 000亿元，占GDP的比重达到10%。2008年，我国电子信息产业的发展也受到了全球金融危机的影响，全国规模以上企业的电子信息产品制造业主营业务的增长较2007年下降6%以上。①

近两年，中关村科技园区电子信息产业在连续多年保持高速增长之后，发展速度已明显放缓。2008年1～11月的产值占园区总收入比重下降2个百分点以上，回归至2006年水平，但仍然占据着园区总收入的近六成左右。2009年，园区电子信息产业受国际金融危机影响较大，增长态势相对平稳，总收入为6222.42亿元，占园区总收入比重下降到47.88%。

在产业标准方面，园区电子信息产业有一大批企业参加或参与了TC和国家标准的制订，还有一部分企业参与了中华人民共和国工业和信息化部（工信部）在信息技术领域的标准工作组。总体来说，无论是创制国家、国际标准的数量，

① 除特别注明外，本书所引用数据主要来源于中关村科技园区管理委员会编制的《中关村产业发展报告2008》，以及中关村科技园区管理委员会、中国标准化研究院国家标准馆和国家标准化管理委员会等的相关内部资料

还是标准产业化的推广潜力，电子信息产业都是园区产业标准战略实施领域的重中之重。

2. 产业发展优势领域

电子信息产业是中关村科技园区的优势主导产业，其经济规模占园区总量的比重一直遥遥领先于其他行业，2006～2008 年基本保持在 60%左右。目前，园区电子信息产业的经济规模已超过 5000 亿元，可具体分为通信、软件与信息服务、计算机及网络、集成电路四大重点领域。

其中，通信产业领域的产值规模占据绝对优势，远高于其他三个细分产业领域。一方面，园区通信产业在 3G、无线宽带、移动多媒体和终端制造等领域继续保持核心优势，以大唐电信、信威通信、天宇朗通、泰美世纪等为代表的行业龙头企业领跑全国通信市场，特别是在国产 3G 的商业化进程中，园区企业的优势非常明显，是国内市场上重要的技术与设备提供商和支持者；另一方面，以诺基亚、索爱、普天、大唐移动为代表的数字移动通信设备制造厂商，收入和出口额占园区比例较高而利润偏低，极易受到全球经济和出口形势的影响，产业结构亟待调整升级。

软件与信息服务产业领域的整体发展势头良好，持续引领国内产业发展。中关村科技园区软件产业的发展在全国处于前列，近年来一直保持较高的发展速度，即使是在宏观经济状况相对欠佳的 2008 年，园区软件企业整体上仍然保持了高速增长的态势，总收入、利润和上缴税费均大幅增长，实现总收入突破 1000 亿元大关；出口创汇也同比大幅度增长。同时，园区软件企业比较重视研发投入和创新，在管理软件、信息安全、空间信息、互联网搜索引擎等行业细分领域均有较好的市场份额，在新兴的网络游戏、SNS 社区和软件服务外包等方面也表现出良好的发展态势。以用友软件、和利时、汉王等为代表的一批龙头企业持续增长，在全国竞争优势明显。

计算机及网络产业是中关村科技园区的传统优势产业领域。其中，计算机产业经过多年快速发展，目前在国内依然保持着领先地位，特别是在台式机方面，以联想①、方正、同方三大品牌为主的园区台式机占据着国内一半以上的市场份

① 由于本书涉及的企业、公司名称众多，除非特别需要注明全称的之外，一般只保留简称。全书同

额。此外，高档微型计算机；便携计算机；大型、巨型、超级计算机，并行机，容错机，工作站，服务器三个细分领域的收入，合计超过了全行业总收入的70%。目前，计算机产业已经成为园区较为成熟和稳定的产业领域，产业总体发展速度有所减缓。而在园区下一代互联网产业链趋于稳定、奥运商用取得巨大成功的基础上，以神州数码、东土科技、天地互连、中创信测等为代表的园区下一代互联网企业在重大技术创新、新产品研发及产业化、国际合作等方面则取得了较大进展，发展明显提速。

中关村科技园区的集成电路产业为大企业主导型产业结构，前20位企业的总收入达到了全行业总收入的90%左右，其中又以威讯联合半导体、瑞萨半导体、中芯国际、首钢日电电子等几家外资企业占据了主导地位，它们大多服务于跨国母公司，对园区集成电路产业自主创新的贡献比较有限。而集成电路设计企业以中国华大、大唐微电子、中星微、同方微电子为代表，在全国具有较强的优势地位。园区集成电路产业受2008年全球金融危机影响较大，近年来利润大幅下滑，产业发展情况有所恶化。

二、新能源与节能环保产业

1. 产业发展现状

新能源与节能环保产业是国家投资的重点，近年来在中关村科技园区获得持续高速的发展，已跃升为园区第二大支柱产业。新能源产业和技术在21世纪有巨大的发展前景，在园区的产业布局中具有重要地位，特别是在国家积极鼓励与节能减排相关的战略性新兴产业发展的背景下，该产业领域近年来呈持续高速增长态势。

能源和环境已成为21世纪人类社会面临的两大基本问题。国际能源署（IEA）发布的《2008年世界能源展望》（*World Energy Outlook 2008*）指出，当前世界能源发展面临两大挑战：一是保障可靠的、廉价的能源供应；二是迅速向低碳、高效、环保的能源供应体系转变。随着世界化石能源储量的逐渐减少，以环境友好和可持续利用为目标的高效、清洁能源技术和能源结构多元化是今后世界能源产业利用与发展的总趋势。清洁能源技术如洁净煤技术、可再生能源技术、先进核能技术、氢能技术，以及节能技术的开发与利用，将成为未来能源产业的发展重点。在国际上，受能源需求扩大、石油价格剧烈波动、温室气体减排等压力影响，积极利用可再生能源发电已经成为共识。2008 年世界风电累计风电装机 1.1 亿～1.2 亿千瓦，中国、欧盟、美国在新增市场中占据 80%的份额。在光伏发电生产方面，全球 2008 年总产量达到 600 万千瓦左右，比 2007 年增加 50%。在生物燃料方面，美国能源部和农业部联合发布了《美国国家生物燃料行动计划》，旨在进一步加速生物燃料工业的发展，计划到 2022 年将生物燃料总产量提升到 360 亿加仑。在氢燃料电池方面，欧盟委员会、欧盟工业界和科研机构宣布，将在今后六年内投资约 10 亿欧元用于燃料电池和氢能源的研究和发展，目标是尽快使第一批氢燃料电池投入工业化生产，并从 2015 年开始实现普及。

新能源与节能环保产业是技术创新驱动的先导型产业，包括以新技术为基础的对风能、太阳能、生物质能、核能等能源的开发、传输与使用的，多行业和多层次的终端消费产品与市场所形成的完整的产业链。新能源与节能环保产业具有很高的成长性和关联性，对国民经济增长具有重要的拉动作用。新能源产业的发展包含了人类经济社会发展新的价值理念，对于提升国家竞争力，获取在全球事务中的话语权具有重要的战略意义。

我国作为当今世界上少数能源结构仍以煤炭为主的国家之一，发展新一代能源技术、提高资源利用率的任务十分紧迫，在国家高新技术产业发展政策中，新能源与节能环保产业具有重要的地位，已成为国家投资的重点。预计到 2020 年，我国在新能源领域的总投资将超过 30 000 亿元。

“十一五”期间，我国积极推进新能源和节能环保技术产业化，加快用新能源和节能环保技术改造传统产业，大力发展循环经济和清洁生产，扩大终端消费，培育新的市场，促进新兴产业发展壮大。目前，我国能源产业结构不断优化，新能源产业发展迅速，新能源、节能减排、生态环保等产业已初具规模，主要表现在：自主创新和技术研发能力明显提升，大功率发电和输变电、高效清洁冶炼、新能源汽车、硅材料提纯等重点关键技术已经接近或达到世界先进水平；制造业基础较强，产业配套能力逐步完备，高效电机、污水处理设备、高效照明产品及风电机组、光伏电池等已经形成较大规模。2008 年，我国新能源占能源生产总量的比例突破 9%，发展势头强劲。在太阳能光伏发电方面，多晶硅材料总产量超过 6000 吨，光伏电池产量达 1780 兆瓦，占全球总量的 26%，产量居世界第一；风电装机容量达 1000 兆瓦，居世界第四。预计 2010 年我国环保产业的年收入总值将达 8000 亿～10 000 亿元。

新能源与环保产业经过多年快速发展，已成为比重仅次于电子信息产业的中关村科技园区第二大产业，是园区新的经济增长点。2008 年 1～11 月，园区新能源与环保产业快速发展，总收入 1003 亿元，同比增长 29.7%。2009 年，该产业领域总收入为 1332.52 亿元，增长率达 33.3%，占园区总收入比重的 10.25%。特别是在风电产业领域，三家龙头企业（华锐风电、金风科创、国电联合动力）进入全国五强。

在产业标准方面，中关村科技园区有 21 家企业参与了 51 项新能源与高效节能技术国家标准的制订，有 7 家企业参与了 75 项环境保护技术国家标准的制订。还有一部分企业参与了工信部在信息技术领域的标准工作组。总体来说，无论是创制国家、国际标准的数量，还是标准产业化的推广潜力，新能源与节能环保产业都是中关村科技园区产业标准战略实施领域的重点。

2. 产业发展优势领域

近年来，中关村科技园区从生产、流通、消费各个环节加以引导，从科技研发、示范推广、产业化全过程加以推动，从资金投入、政策措施、机制创新等各个方面对新能源与节能环保产业加以支持，使其快速发展，成为新的经济增长点。

一是总收入突破千亿，经济效益持续提高。2008 年，园区新能源与环保产业总收入首次突破千亿元大关同比增长超过 30%。其中新能源与高效节能领域持续保持高速增长的态势，同比增长 32.3%，总收入近 900 亿元；环保产业收入达到 124.6 亿元，同比增长 13.8%；实现利润总额 44.5 亿元，上缴税收 24 亿元，分别同比增长 2.8%和 28.3%。

二是昌平园能源科技产业基地发展良好。中关村科技园区昌平园能源技术产业基地现有能源技术企业 300 多家，包括中石油、中石化、国家电网、神华集团、华电集团等多家知名能源企业的研发中心，涵盖了节能技术、新能源技术和传统能源技术改造等众多能源领域。国际一流的特高压直流输电技术综合实验平台已在昌平园内建成。目前“国家电网公司特高压直流实验基地科技项目”顺利通过第一阶段的实验，已取得24项创新成果的20项专利技术。该项目的一期工程由8个部分组成，建成后针对±800千伏输变电技术和运行技术开展实验研究，实验能力在本领域创下了12项世界第一。

三是产学研合作紧密，依托大学和科研单位建立的开放实验室与园区节能环保企业建立了广泛的合作关系。目前，园区已挂牌的36家开放实验室中有6家属于节能环保领域，包括清华大学环境模拟与污染控制国家重点联合实验室、清华大学分析中心、动力电池实验室、节能环保材料分析测试实验室、过程工程开放实验室及工程塑料国家工程研究中心。这些开放实验室促进了供需对接和资源共享，并通过开放实验室联盟组织召开的新能源与环保相关产业成果对接会，与几十家企业达成了初步合作意向，促进了园区相关领域企业和开放实验室的信息交流、供需对接和资源共享。

目前，依托园区的仁创科技集团、北京钢院、绿创环保集团、科诺伟业公司、拂尘龙公司、环境保护部国家卫星环境应用中心、神雾热能、利德华福、国电康能、蓝星化工、当升材料、北大先行、中信国安盟固利、清能华通、中国恩菲、清华阳光、奥瑞安和华锐风电等一批龙头企业，园区在高效节能、新能源、环保等领域继续保持优势地位。特别是在高效节能领域表现突出，部分技术达到国际先进水平。神雾热能的蓄热式烧嘴技术已经成为国内外节能燃料技术的主流；利德华福的高端变频设备成功代替了进口设备；国电康能开发的KN系列节电装置达到国际领先水平；蓝星化工研发的氧阴极电极材料制备技术已取得了阶段性成果，正向产业化迈进。

在新型电池领域，中关村科技园区锂离子电池正极材料占据国内近半数的市场份额，集聚了当升材料、北大先行和中信国安盟固利等一批优秀企业，在国内同行业中保持领先。同时，园区企业在清洁电池整车技术上实现突破，清洁电池客车实现商业化运行。

在太阳能、风能和煤层气开发等新能源领域，中关村科技园区也具有很强的优势。中国恩菲、科诺伟业、清华阳光和华锐风电在太阳能和风能利用方面捷报频传，推动了中国可再生能源事业的快速发展；奥瑞安开发了适用中国煤层气特殊地质条件的煤层气开发技术，推进了国内煤层气的高效开发和利用。

三、新材料产业

1. 产业发展现状

新材料产业是构成当今世界高新技术产业的三大支柱之一，其复合化、智能化的发展态势，将带动信息技术、生物技术等产业在全球实现革命性的进展，同时也将给全球制造业、服务业及人类的生活带来巨大而深远的影响。北京具有发展新材料产业的科教优势，其产业规模近年来稳步扩大，但同比增长速度有所下降。

新材料比传统材料具备更优异的性能，它突破了传统材料范畴并拓展了新的领域。进入 21 世纪以来，新材料产业已被世界公认为最重要、发展最快的高新技术产业之一，对工业、农业、社会及国防和其他高新技术产业的发展都起着重要的支撑作用。美国、日本、欧洲等工业发达国家和地区重视新材料技术的发展，为保持其经济和科技的领先地位，把发展新材料作为科技发展战略的重要组成部分，并将其列为 21 世纪优先发展的关键技术领域之一。

当前全球新材料技术出现材料结构功能一体化、功能材料智能化、材料与器件集成化、制备低成本化、使用过程绿色化，以及长寿命的态势。其中，纳米技术和纳米材料、新型结构材料、新型功能材料、电子信息材料的支撑作用尤为突出。纳米生物医学材料、纳米电子材料、纳米能源材料、高温结构材料、高分子材料、新型建筑材料、超导材料、新能源材料、智能材料受到广泛关注。2007 年，全球新材料产业市场规模超过 6000 亿美元，新材料技术及基于新材料技术产品的市场发展前景宽广。2008 年，由于受金融危机影响，北美、欧盟等地区区域经济出现衰退，全球新材料产业扩张规模有所收缩。尽管如此，各国还是对发展纳米技术领域给予了高度重视，全球纳米技术研发投入持续增长，纳米科技蓬勃发展，产业规模逐年扩大。

新材料产业是我国重点支持的高新技术产业领域之一。近年来，随着我国在航空、航天、汽车、电子、电器、建筑、民用等众多领域的跨步发展，新材料产业步入黄金发展阶段。全国各地根据国家十大产业振兴规划制订的产业规划中，将新材料作为新的支柱型产业，给予了极大的重视。2008 年年底，我国化工新材料产业化规模和应用水平不断提高，工业产值突破 5500 亿元。中关村科技园区新材料产业的发展规模在2008年进一步扩大，同比增速达到25%左右，但占园区经济总量的比重则在2004年后不断下降，目前已经降至近五年来的最低点。2009年，园区新材料产业领域总收入为756.26亿元，同比增长17.74%，占园区总收入的5.82%。

在产业标准方面，截止到2008年年底，中关村科技园区新材料产业有一大批企业参加了标准化技术委员会和工信部在信息技术领域的标准工作组。有30家企业参与了721项新材料及应用技术的国家标准的制订。总体来说，园区对新材料技术标准的创制和推广给予了大力支持，并将新材料作为园区标准战略的关键领域。

2. 产业发展优势领域

2008年，中关村科技园区新材料产业总收入增长明显，企业创新表现活跃。1～11月，实现总收入523.52亿元，产品销售收入366.45亿元，同比增长21.64%和30.43%，实现出口总额8.23亿美元，同比增长17.91%，上升幅度明显。但全球经济下行对园区新材料产业影响明显，产业利润总额仅为13.41亿元，同比下降40.11%，工业总产值216.02亿元，同比下降7.71%。企业数量和从业人员基本保持稳定，企业数量为1141家，同比下降5.62%；从业人员数量为58 084人，同比下降3.17%。园区新材料产业研究经费投入为18.28亿元，与2007年同期的14.05亿元比较，同比增长30.11%。专利申请数量为2777项，同比增长幅度较大，其中发明专利申请数量为520项，同比增长78.08%。

另外，产业集中度进一步加强，企业做强、做大趋势明显。2008年1～11月，园区新材料产业排名前20名的企业实现总收入311.6亿元，占到该产业总收入的59.52%，所占份额同比进一步提高。企业上缴税额增幅较大，上缴税费总计达到8.1亿元，同比增长62%。企业盈利状况明显高于行业平均水平，表现出很强的抗压能力，利润总额达到9.9亿元，与2007年同期基本持平，占当年行业利润总额比重73.82%，同比大幅上升。虽然从总体上看，园区新材料产业仍以中小企业为主，总收入在500万元以下的企业占到总数的一半以上。但与2007年同期相比，500万～1000万元的企业数量同比增长21.2%，1000万～5000万元的企业数量同比增长9.6%，1亿～10亿的企业数量同比增长15.8%，企业“做大做强”的发展趋势明显。

目前，中关村科技园区在新材料领域拥有安泰科技、蓝星化工新材料、中科三环、有研硅股、北矿磁材、中信国安盟固利、京东方等一批龙头企业，并拥有多家上市化工新材料企业和建材新材料企业，如蓝星清洗、燕化高新、北京化二、星新材料、北京建材等。同时，园区在新材料领域拥有非常丰富的科技资源，包括10多个国家重点实验室（新型陶瓷和精细工艺国家重点实验室、摩擦学国家重点实验室、半导体超晶格国家重点实验室、先进复合材料国防科技重点实验室、稀土材料化学应用国家重点实验室、新金属材料国家重点实验室、工程塑料国家重点实验室、磁学国家重点研究室、表面物理国家重点实验室、煤的清洁燃烧技术国家重点实验室、生物膜与膜生物工程国家重点实验室等），7个国家工程技术研究中心（国家磁性材料工程技术研究中心、国家非晶微晶合金工程技术研究中心、国家碳纤维工程技术研究中心、国家通用工程塑料工程技术研究中心、国家纤维增强模塑料工程技术研究中心、国家有色金属复合材料工程技术研究中心、国家玻璃深加工工程技术研究中心），10个国家工程研究中心（高效扎制国际工程研究中心、无污染有色金属提取及节能技术国家工程研究中心、半导体材料国家工程研究中心、聚烯烃国际工程研究中心、磁性功能材料国家工程研究中心、炼油工艺与催化剂国家工程研究中心、合成纤维国家工程研究中心、稀土材料国家工程研究中心、光电子器件国家工程研究中心、工程塑料国家工程研究中心）和一批活跃在新材料领域的创新服务机构。

这些龙头企业和国家级新材料产业研发平台，为中关村科技园区在新材料产业领域创制标准和产业化推广奠定了坚实基础。未来园区新材料行业有望在全国实现领先的优势领域，主要是纳米和超导材料、太阳能光伏材料等。其一，在纳米、超导领域的技术突破明显；其二，太阳能光伏材料产业获得快速发展，磷、酸、铁、锂在量产方面取得技术突破，光伏并网逆变器打破了此前该领域完全依赖进口的局面；其三，光电子材料产业发展步入快车道，LED产业迅速起飞，以维信诺为代表的新材料企业在新型平板显示技术领域取得重大突破。

四、生物工程及新医药技术产业

1. 产业发展现状

生物技术产业的发展，即将进入重要的“接近整体赢利”的转折点。中关村科技园区聚集了众多的全国一流生物技术科研院所和大学，技术创新的优势在全国高新区中比较明显，同时，生物工程及新医药技术也是北京重点培育的产业。近年来，园区生物工程及新医药技术产业领域持续高速增长，重大技术突破不断涌现，虽占园区当前总产值比重不够高，但也是中关村科技园区产业未来发展的重点领域之一。

生物技术领域无疑已成为世界科技发展最为迅速的领域之一，并取得了一系列突破性进展。从目前发展状况和未来趋势看，分子生物学、生物化学和细胞生物学等将会继续为解析生命活动的本质做出贡献。与此同时，功能基因组、蛋白组学、神经科学和生物信息学将成为未来国际竞争的焦点，而随着生物技术的深入发展，生物技术产业的巨大发展潜力及其战略作用已被充分认识。专家估计，生物技术产业将会在未来 15 年左右成为新的主导产业，其应用范围可能遍及医药卫生、农林牧渔、轻工与食品、能源与化工、冶金与采矿、环境保护等领域。

在生物产业中，基因组技术、干细胞、医药生物技术、动植物转基因技术获得重大进展。但是随着金融危机的影响逐步蔓延，2008 年全球生物产业的发展速度明显放缓，生物技术公司筹资额降到 10 年来的最低水平，并引发了破产风潮。而医药和医学产业由于其刚性需求，以及没有明显的行业周期性，暂时稳步发展。生物芯片市场 2008 年达到 21.156 亿美元，年增长率高达 12.7%。随着基因测序技术的不断突破，个体基因测序有望成为消费热点。

近年来，我国生物产业市场增长非常快，预计到 2015 年，中国生物产业的规模会超过 30 000 亿产值，到 2020 年会达到 60 000 亿元左右的规模，这相当于或甚至超过目前信息制造业的规模。

生物工程及新医药技术是中关村科技园区的一个新兴产业，近年来发展迅速，同比增速跃居园区重点产业领域之首。在产业标准方面，生物产业领域，特别是新医药技术标准的情况与其他产业有较大差异，截止到 2008 年年底，仅有两家企业参与了生物工程和新医药技术国家标准的制订。

2. 产业发展优势领域

2008年1～11月，生物医药产业实现总收入381亿元，同比增长40.94%，在中关村科技园区六大重点产业领域中居于首位；完成工业总产值235亿元，同比增速46.57%；出口创汇实现5.61亿美元，同比增长128%；从业人员62 254人，同比增长15.54%。一批重点企业迅速崛起，2008年新增的拜耳医药保健有限公司、北京同仁堂股份有限公司、北京天星普信生物医药有限公司、北京同仁堂科技发展股份公司四家企业的经济总收入超过10亿元，从而使总收入超过10亿元的企业数量达到8家，另有50家企业的总收入为1亿～10亿元。

在其产业细分领域中，生物技术、中药、医疗器械规模位居前三位。2008年1～11月，生物技术及产品的总收入达到127.38亿元，占33.46%，比2007年同期略有增长；中药的总收入为67.60亿元，占17.75%；医疗器械的总收入为58.32亿元，占15.32%。化学药、其他生物医药技术、生物医学工程分列第四至第六位。2009年，中关村科技园区生物工程与新医药技术领域实现总收入569.3亿元，增长率达到33.3%，占园区总收入比重的4.38%。特别是其中的生物制药、生物医药研发外包（CRO）、医疗器械制造等细分领域呈现出较好发展势头。

中关村科技园区聚集了众多的全国一流生物技术科研院所和大学，技术创新的优势在全国高新区中比较明显，一些生物医药公司技术创新活跃。科兴公司研制的人用甲型H1N1禽流感疫苗，成为我国首个经过药品特别审批程序批准用于奥运安全储备的药品；外泰药业正在研制禽流感通用抗体，与全球同步；百泰药业研制的我国第一个人源化单克隆抗体抗癌药物“泰欣生”也与2008年2月在国内上市，用于头、颈部癌症治疗，效果良好；绿竹生物研制的新型流脑疫苗获国家“863”重大专项支持，并列入卫生部发布的国家新增免疫疫苗采购目录；普罗吉公司与清华大学蛋白质化学实验室联合设立的“抗肿瘤蛋白质药物国家工程实验室”已由国家发展和改革委员会正式批复立项。

五、先进制造产业

1. 产业发展现状

受首都产业结构调整和国家产业布局的影响，先进制造业占中关村科技园区总产值的比重正在逐渐下降。但自动化和集成度较高、重大成套装备制造技术等技术含量较高的先进制造产业在北京仍然有较大发展空间。

在工业发达国家，先进制造业被誉为国家发展的发动机和动力源，置于优先发展的战略地位。这不仅体现在先进制造业在本国工业总量的比重、资本积累、就业贡献等指标居于前列，更体现在先进制造业为新技术、新工艺、新产品的开发、设计和生产提供了重要的物质基础。同时，先进制造业随着技术自身的发展，也呈现出高新技术化的趋势。特别是新兴技术的不断推出和融合，促进了先进制造技术水平的提高。

先进制造技术是现代技术与工业创新的集成和典范，是体现国家制造业水平的主要标志。随着先进制造技术的逐步发展和应用，以及现代机械制造企业的生产组织方式的重大转变，世界制造技术的发展总体上已呈现出绿色制造、高新技术化、信息化、极端制造的发展趋势，并出现许多先进制造的新理念。

从产业发展来看，尽管2008年的全球性金融危机和经济萧条使先进制造技术与产业受到极大冲击，全球先进制造技术2008年的生产和销售增幅大幅下滑，同比下降超过20个百分点，部分产品甚至出现负增长。但是各国对先进冶炼和成形技术、极端制造技术、数字制造与自动化技术、重大成套装备制造技术领域给予了重大支持。2008年8月美国国家科学技术委员会确定了联邦制造业研发的三大领先优势领域，即氢技术制造业研发、纳米制造业研发以及智能与集成制造业研发。与此同时，欧盟和俄罗斯则采取多项措施扶持汽车产业的发展。

制造业作为我国工业的主体，总产值约占全国GDP的40%以上，是国民经济的重要支柱产业。2008年5月，我国先进制造业的工业总产值达到8645亿元，同比增长32.91%。然而，2008年下半年以来，由于国际金融危机引发国内、国外经济形势发生突变，装备产品的国内外市场需求迅速紧缩，行业发展减速趋势显现，企业经济效益下滑。特别是原材料设备、常规能源设备、中小型机床、部分工程机械等产品受上游产业影响，企业经济效益下滑明显。

近年来，中关村科技园区先进制造领域受国家产业布局和产业政策影响波动较大，但总体上仍位于园区重点领域的前三甲。在产业标准方面，园区先进制造产业领域的企业参与标准化技术委员会，以及国家、行业标准制（修）订活动非常积极。截止到2008年年底，园区有34家企业参与了1273项先进制造技术国家标准的制（修）订活动；30个企业参与了521项行业标准的制（修）订活动，平均每个企业参与制（修）订行标17.37项，企业参与标准化活动程度高。总体来说，园区先进制造业无论是在创制标准数量，还是在标准产业化的推广潜力方面，都走在了其他技术领域之前。

2. 产业发展优势领域

随着北京首都城市发展功能的定位调整，制造业在区域经济发展中的地位近年来明显下降。不过，先进制造业是以高新技术改造提升传统产业的重要支撑，仍在北京有重要的发展意义。2007年园区先进制造业同比增速跌至四年来最低点，占园区的比重也一路下降，已经被新能源与高效节能领域超过，从园区第二大领域变为第三位。但是2008年1～11月，其同比增速实现迅猛回升，达到6年来的最高水平40.5%，占园区的比重也回升将近1个百分点。2009年，由于有北京奔驰-戴姆勒·克莱斯勒汽车有限公司、中铁十九局集团有限公司、利乐包装（北京）有限公司、北京德尔福万源发动机管理系统有限公司等一批制造业龙头企业进入园区统计范围，园区先进制造产业领域总收入达到1384.64亿元，同比大幅增长，占园区总收入比重的10.66%，成为仅次于电子信息产业的第二大领域。

六、现代服务业

1. 产业发展现状

除上述五个支柱产业外，其他尚未在园区形成较大产值规模，但符合首都高新技术产业发展和产业结构调整方向的新兴产业技术，比如航空航天技术、海洋技术、公共安全技术，以及与促进现代服务业发展有关的产业技术等近年来也呈现出蓬勃向上的发展态势。本部分主要讨论与促进现代服务业发展有关的产业技术。

现代服务业是以现代科学技术，特别是网络和信息技术为主要支撑，建立在新的商业模式、服务流程和管理方式基础上的技术和知识密集型的服务产业。随着市场需求的不断扩大和对个性化服务要求的不断提高，一部分服务环节逐步从高新技术产业价值链上分离出来，如现代物流技术、文化创意产业支撑技术、软件服务技术、公共咨询服务技术、工业设计技术等，形成现代服务业。据世界银行统计，近年来全球服务业产值比重平均已超过了60%，发达国家甚至超过了70%，其中，现代服务业产值已超过了服务业总产值的50%。随着我国经济的发展和人民消费水平的提高，人们对服务业的需求不断向多样化方向发展，各种适应市场经济发展需要的现代服务业应运而生，快速发展。随着全球经济逐渐从工业经济向基于知识、信息的服务型经济发展，现代服务业作为高新技术产业和服务业相结合的高级形态，必将成为未来发展知识经济的重要支撑。

截止到2008年年底，我国服务业占GDP的比重已达到40%，现代服务业增加值占服务业的比重为19.2%。据预测，2010年我国软件与信息服务业国内市场规模有望突破10 000亿元，其中国产软件和信息服务将占国内市场65%以上份额。目前，中关村科技园区的现代服务业发展迅速，集群化发展态势初步显现、产业关联带动效应明显。例如，中关村软件园、DRC工业设计创意产业基地、中关村创意产业先导基地和北京数字娱乐产业基地等产业集群，对通信、IT、媒体、出版、文化创意等产业的关联带动作用明显。2007年，中关村科技园区现代服务业总收入3671.3亿元，其中知识密集度较高的信息服务业总收入1932亿元、研发服务业总收入1377亿元。

2. 产业发展优势领域

现代服务业是高新技术产业服务化和服务业高新技术化的表现形态，是高新技术产业的重要组成部分，也是服务业中最具创新活力的产业。以高新技术为基础的现代服务业是中关村科技园区高新技术产业的重要支柱，也是园区区别于我国其他高新区的重要标志。“十一五”期间，园区产业结构进入全面调整阶段，从以高新技术制造业为主导转变为以高新技术为基础的现代服务业为主导。

园区具有较强竞争力的新兴企业主要集中在现代服务业领域，尤其是软件、动漫游戏、电子商务、移动增值服务等成为吸引投资最多的领域，并涌现出用友、联众、当当网、空中网等一大批知名的高新技术服务业企业，有力地推动了园区产业结构的优化和综合竞争力的提升。同时，随着高新技术特别是信息技术的高速发展和广泛应用，园区内越来越多的高新技术制造业企业呈现出明显的服务化趋势。

目前，园区现代服务业发展规模进一步扩大。2006年，园区的计算机服务业、软件业、专业技术服务业、科技交流和推广服务业，以及电信和其他信息传输服务业五大高新技术服务业的总收入达到2091.4亿元，较2004年增长了1倍多。从未来发展趋势上看，高新技术服务业将继续保持稳定增长的势头，其在园区总收入中的比重也将逐步提升。此外，中关村科技园区已经形成了各具特色的高新技术服务业产业集群，如海淀园的软件与计算机服务、石景山园和雍和园的动漫游戏产业、德胜园的设计创意产业等，为园区高新技术服务业的大发展奠定了坚实的基础。

创新性是中关村科技园区高新技术服务业最显著的特征。在园区的软件业、科技交流与推广服务业、计算机服务业、专业技术服务业及电信和其他信息传输服务业中，研发人员所占的比重普遍高于高新技术制造业。园区高新技术服务业企业在发展中坚持以创新为基本取向，不断加大研发投入，到2005年，其研发投入总量在园区十大行业中的比重已经达到58%左右，超过了高新技术制造业，对园区整体创新能力的提升起到了积极的推动作用。

第二节　中关村科技园区标准化现状分析

中关村科技园区从1988年北京新技术产业开发实验区成立，到1998年大力推动企业制订相关标准，再到2003年成为国家级高新技术产业标准化示范区，并重点支持企业抢夺国际标准话语权，园区企业在参与国际、国家和行业标准方面取得了好的成绩，具有较好的标准化基础。全面了解园区标准化现状，从中找出园区在推进标准化活动中的优势和不足，可以为制订园区标准战略提供依据。

一、中关村科技园区企业参与标准制（修）订情况分析

（一）园区企业参与国际标准制（修）订情况

近年来，中关村科技园区企业积极参与国际标准化活动，在参与研制国际

标准方面取得了可喜的成绩。据不完全统计，截止到 2008 年年底，园区企业共参与起草国际标准 21 项，向国际标准组织提交国际标准提案 42 项。园区已成为全国高新区内企业参与研制国际标准的典范。

参与国际标准化会议，可以使企业掌握本领域国际标准的发展动态，在国际标准中反映本企业的技术优势，有利于企业开拓国际市场。中关村科技园区参加国际标准化会议的企业数量也在逐年上升，2007 年有 10 家园区企业代表中国参加 ISO/IEC 召集的国际标准化会议，2008 年此数量已达到 17 家，并且有些企业一年内两次出国参加会议。

截止到 2008 年年底，中关村科技园区的企业中有 25 家参与了制（修）订国际标准，其中电子与信息技术领域的企业参与国际标准化活动最为活跃，共有 18 家企业参与国际标准制（修）订活动，其次是生物工程和新医药技术领域，共有两家企业参与国际标准的制（修）订活动，新材料及应用技术、先进制造技术、新能源与高效节能技术、环境保护技术领域分别有 1 家企业参与国际标准制（修）订活动。参与国际标准化活动的园区企业的技术领域分布情况见图 2-1。

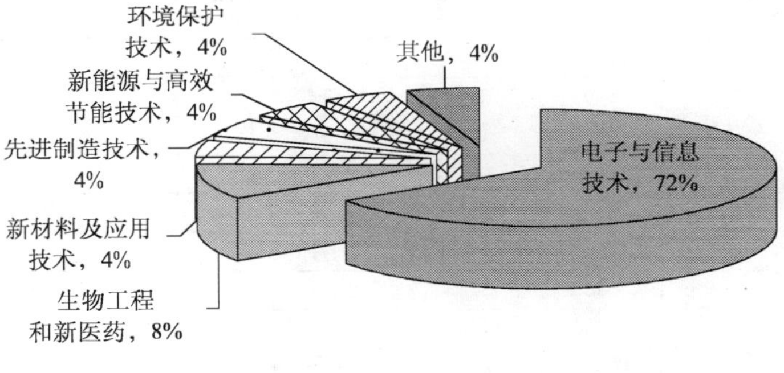

图 2-1　参与国际标准化活动的园区企业的技术领域分布情况

从参与国际标准制订的企业的技术领域来看，电子与信息技术类的企业参与国际标准化程度要明显高于园区内其他技术领域。中关村科技园区以电子信息产业发达而闻名，北京天元网络技术股份有限公司参与了多个 ITU 标准和 3GPP 标准的制订；闪联信息技术工程中心有限公司的 IGRS 标准即将成为第一个全球 3C 协同领域的国际标准；大唐电信的 TD-SCDMA 标准已经成为全球公认的 3G 主流标准。电子信息类产业对标准化的重视是显而易见的，通过参与国际标准化活动获得行业内部技术领先地位和话语权的重要性也已经在各大公司的标准化行为中得到体现。

新材料及其应用技术、生物工程和新医药技术、新能源与高效节能技术在中国起步较晚，所以即便在园区已经有相当数量的新材料领域企业进驻，但是参与国际标准化的程度依然很低。

（二）园区企业参与国家标准制（修）订情况

截止到2008年年底，中关村科技园区共有197家企业（占园区企业总数的0.9%）参与3133项国家标准的制（修）订（占国家标准总数的13.7%）。园区企业参与国家标准制（修）订数量遥遥领先于其他高新技术产业标准化示范区（中关村科技园区企业参与起草国家标准情况见附录一）。

（1）园区企业参与制订的国家标准所涉及行业情况

按中国标准文献分类法统计，中关村科技园区企业参与制订的3133项国家标准涉及的行业分布如表2-1和图2-2所示。

表2-1 园区企业参与制（修）订的国家标准所涉及行业分布统计

中标分类号	国标数/项	所占比例/%	中标分类号	国标数/项	所占比例/%
A综合	180	5.75	P土木、建筑	32	1.02
B农业、林业	159	5.08	Q建材	59	1.88
C医药、卫生、劳动保护	58	1.85	R公路、水路运输	16	0.51
D矿业	11	0.35	S铁路	17	0.54
E石油	162	5.17	T车辆	23	0.73
F能源、核技术	62	1.98	U船舶	7	0.22
G化工	36	1.15	V航空、航天	0	0.00
H冶金	566	18.07	W纺织	2	0.06
J机械	1206	38.49	X食品	10	0.32
K电工	196	6.26	Y轻工、文化与生活用品	45	1.44
L电子元器件与信息技术	113	3.61	Z环境保护	26	0.83
M通信、广播	43	1.37	其他	30	0.96
N仪器、仪表	74	2.36			

由表2-1和图2-2可以看出，园区企业参与制订的国家标准所涉及的行业非常广泛，且分布极不均衡，其中涉及机械、冶金行业的标准最多，两个行业的标准数占园区企业参与制订的国家标准总数的一半以上，电子元器件与信息技术行业、环境保护、通信广播、建材、航空航天等行业的标准较少。

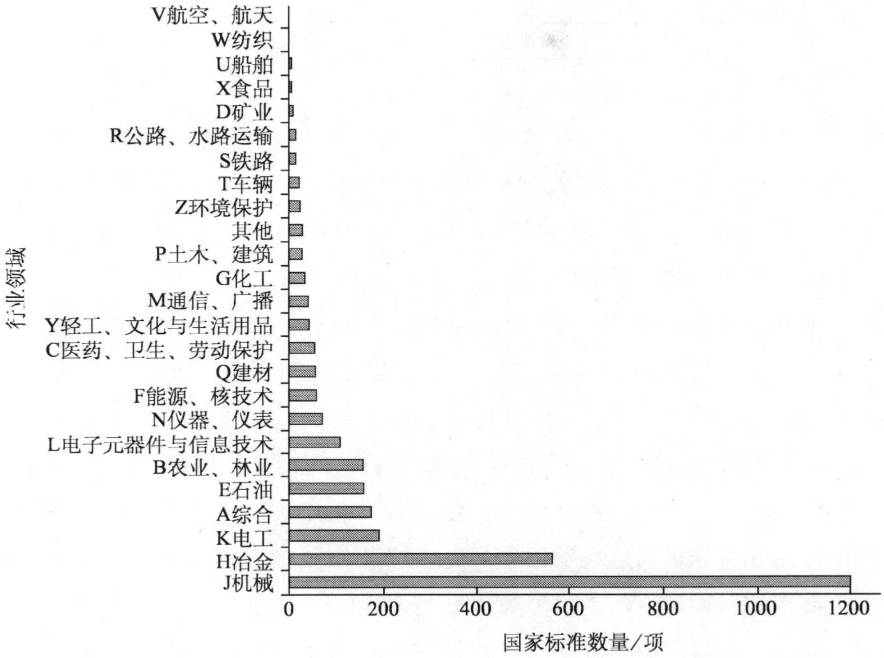

图 2-2 园区企业参与制（修）订的国家标准所涉及行业情况

（2）园区企业参与制订国家标准的企业领域分布

按照企业所属技术领域类型来划分，参与国家标准制（修）订的中关村科技园区企业领域的分布情况见表 2-2。

表 2-2 参与国家标准制（修）订的中关村科技园区企业领域分布情况

技术领域	企业数/个	国家标准数/项	企业平均参与标准数/项
电子与信息技术	74	767	10.4
生物工程和新医药技术	2	2	1.0
新材料及应用技术	30	721	24.0
先进制造技术	34	1273	37.4
航空航天技术	1	4	4.0
现代农业技术	3	8	2.7
新能源与高效节能技术	21	51	2.4
环境保护技术	7	75	10.7
海洋工程技术	1	1	1.0
核应用技术	3	4	1.3

续表

技术领域	企业数/个	国家标准数/项	企业平均参与标准数/项
其他	21	227	10.8
合计	197	3133	15.9

由表 2-2 可以看出，在中关村科技园区企业中，电子与信息技术领域企业参与国家标准制（修）订活动最为活跃，其次是先进制造技术领域、新材料及应用技术和新能源与高效节能技术领域企业，这四个技术领域的企业占中关村科技园区所有参与国家标准制（修）订企业数的 81%，相应企业参与标准化的程度也较高。然而，从企业平均参与国家标准数中可以看出，企业平均制订的国家标准数量是 15.9 项，电子与信息技术领域的企业平均制订的国家标准数量却相对比较低，这说明就电子与信息技术领域而言，企业的标准化意识比较强，参与国家标准制（修）订的企业比较多，任是技术集中度比较分散，缺乏掌握全面技术的强势企业。先进制造技术领域的企业平均制订的国家标准数量最高，这表明在先进制造技术领域，技术优势突出和技术全面的企业比较多。在新材料及其应用技术领域，参与国家标准制（修）订的企业数量和企业参与制（修）订标准数量都比较多，这表明该领域的企业的技术实力很强，标准化意识也比较高。

（3）园区企业参与制（修）订国家标准的发展趋势分析

1988～2008 年中关村科技园区企业参与制（修）订国家标准数量及领域分布如表 2-3 与图 2-3 所示。

表 2-3　1988～2008 年园区企业参与制（修）订国家标准数量统计表（单位：项）

年份	国家标准年增加数	国家标准总数	电子与信息技术领域	新材料及应用技术领域	先进制造技术领域	新能源与高效节能技术领域	环境保护技术领域	其他
1988	166	551	100	47	6	—	2	11
1989	60	611	13	19	6	—	4	18
1990	36	647	8	10	4	—	2	12
1991	48	695	4	32	7	—	1	4
1992	40	735	20	9	5	—	2	4
1993	61	796	3	8	37	—	7	6
1994	60	856	2	32	13	—	2	11
1995	62	918	3	10	32	—	5	12
1996	70	988	19	22	24	—	3	2
1997	81	1069	6	13	52	—	1	9

续表

年份	国家标准年增加数	国家标准总数	电子与信息技术领域	新材料及应用技术领域	先进制造技术领域	新能源与高效节能技术领域	环境保护技术领域	其他
1998	76	1145	5	13	46	—	0	12
1999	61	1206	4	7	46	—	1	3
2000	171	1377	10	23	133	—	—	5
2001	71	1448	8	17	42	1	1	2
2002	188	1636	21	29	127	4	3	4
2003	152	1788	19	17	94	7	1	14
2004	93	1881	14	11	58	0	1	9
2005	213	2094	56	41	87	9	8	12
2006	241	2335	68	75	75	2	7	14
2007	154	2489	60	37	42	5	5	5
2008	644	3133	311	154	105	23	8	43

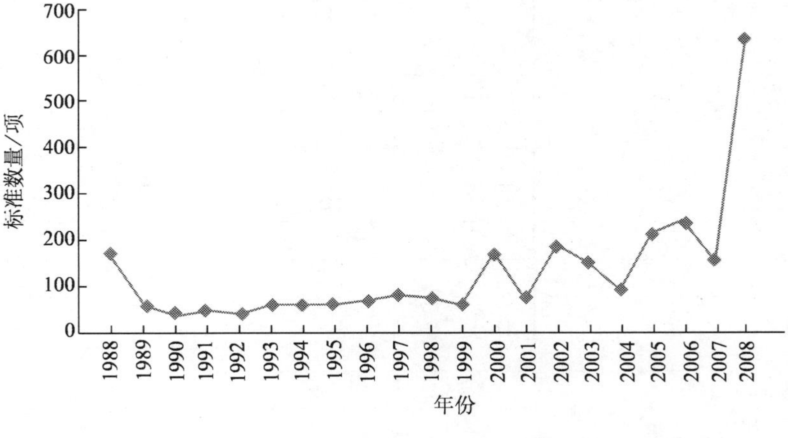

图 2-3　1988～2008 年园区企业参与制（修）订国家标准数量趋势图

从表 2-3 和图 2-3 可以看出，中关村科技园区企业参与制（修）订国家标准数量逐年上升，特别是 2000 年以后，园区企业参与国家标准数量每年以过百项的速度递增，2007 年至 2008 年之间进入飞速发展的阶段，其中以电子与信息技术、新材料及应用技术、先进制造技术三个领域的发展尤其显著，这表明，园区企业在这三个技术领域的优势日益突出，技术实力发展迅速。新能源与高效节能技术领域的企业参与制（修）订国家标准数量从 2001 年开始零的突破以后，数量增长很快，这与园区新能源与高效节能技术领域的企业数量和技术创新能力在2000年以来的快速发展相一致。

（三）园区企业参与行业标准制（修）订情况

截止到2008年年底，中关村科技园区共有215家企业（占园区企业总数的1.03%）参与1494项行业标准的制（修）订（占行业标准总数的3.61%）。中关村科技园区企业参与起草行业标准情况一览表见附录二。

（1）园区企业参与制订的行业标准所涉及行业情况

按中国标准文献分类法统计，中关村科技园区企业参与制（修）订的1494项行业标准涉及的行业分布如表2-4和图2-4所示。

表2-4　园区企业参与制（修）订的行业标准的行业分布统计

中标分类号	行业标准数/项	所占比例/%	中标分类号	行业标准数/项	所占比例/%
A综合	80	5.35	P土木、建筑	136	9.10
B农业、林业	235	15.73	Q建材	56	3.75
C医药、卫生、劳动保护	28	1.87	R公路、水路运输	4	0.27
D矿业	11	0.74	S铁路	16	1.07
E石油	333	22.29	T车辆	19	1.27
F能源、核技术	60	4.02	U船舶	2	0.13
G化工	18	1.20	V航空、航天	10	0.67
H冶金	32	2.14	W纺织	14	0.94
J机械	220	14.73	X食品	22	1.47
K电工	48	3.21	Y轻工、文化与生活用品	39	2.61
L电子元器件与信息技术	41	2.74	Z环境保护	7	0.47
M通信、广播	33	2.21	其他	6	0.40
N仪器、仪表	24	1.61			

由表2-4和图2-4可以看出，园区企业参与制（修）订的行业标准所涉及的行业也同样非常广泛，且分布极不均衡。园区企业参与制（修）订的行业标准与参与国家标准情况相同的是都较多的涉及了机械行业。与参与国家标准情况不同的是，园区企业参与制（修）订的行业标准涉及较多的行业是石油和农业、林业，而对电子元器件与信息技术行业、环境保护、通信广播、建材、航空航天等行业的标准涉及较少。

中关村科技园区参与制（修）订行业标准数量排名靠前的企业是石油化工

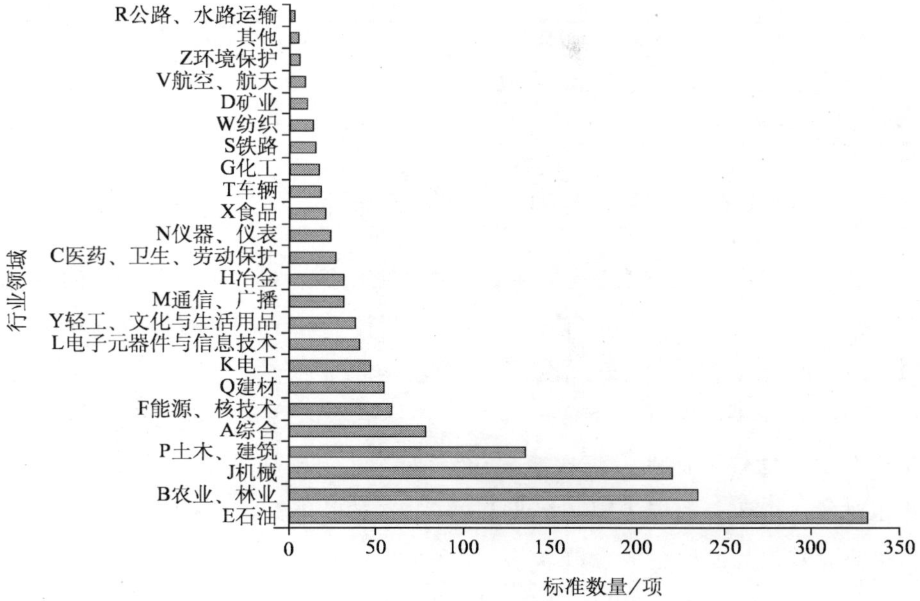

图 2-4 园区企业参与制（修）订的行业标准的行业分布

科学研究院、中国农业机械化科学研究院、北京起重运输机械研究所、中国电力科学研究院，这些企业都是科研院所转制成立的，由于其科研能力较强，且在制（修）订标准方面有非常丰富的经验，所以这些企业参与制（修）订的行业标准数量占中关村科技园区参与行业标准总数的50%以上。

（2）园区企业参与制（修）订行业标准的企业领域分布

按照企业所属技术领域类型来划分，中关村科技园区企业参与制（修）订行业标准的情况见表2-5。

表 2-5 按企业的技术领域划分中关村科技园区企业参与国家标准情况

技术领域	企业数/个	行业标准数/项	企业平均参与标准数/项
电子与信息技术	81	250	3.1
生物工程和新医药技术	4	5	1.3
新材料及应用技术	29	135	4.7
先进制造技术	30	521	17.4
航空航天技术	1	4	4.0
现代农业技术	5	6	1.2
新能源与高效节能技术	20	51	2.6

续表

技术领域	企业数/个	行业标准数/项	企业平均参与标准数/项
环境保护技术	16	31	1.9
海洋工程技术	3	35	11.7
核应用技术	0	0	0
其他	26	456	17.5
合计	215	1494	6.9

由表 2-5 可见，先进制造技术领域的园区企业参与制（修）订行业标准最为积极，共有 30 个企业参与制（修）订了 521 项行业标准，平均每个企业参与制（修）订行标 17.4 项。电子与信息技术领域的企业依然占有非常重要的比重，参与制（修）订行业标准的企业数最多。新材料技术领域企业参与制（修）订行业标准活动也较为活跃，仅次于先进制造技术领域和电子与信息技术领域。与此相对的，企业总数仅为园区企业总数 5.6%的新能源与高效节能技术行业企业和企业总数仅为园区企业总数 3.9%的环境保护技术行业企业在参与行业标制（修）订的企业名单中却可以分别占据 9%和 7%的份额，这表明这两个行业领域中的园区企业的技术实力强、标准化意识高。

就企业平均参与行业标准数来看，电子与信息技术、新材料及新能源领域的企业都在园区的平均水平之下。与此相对的，虽然参与行业标准制（修）订的企业只有 3 家，但是海洋工程技术领域的企业平均参与制（修）订行业标准数却达到了 11.67 项，这在一定程度上表明，中关村科技园区的企业在海洋工程技术领域具有很大的技术优势，参与行业标准化活动积极，在行业内具有很强的影响力。

（3）园区企业参与制（修）订行业标准的发展趋势分析

1988 年以来，园区企业参与制（修）订行业标准数量及年增长趋势分布如表 2-6 与图 2-5 所示。

表 2-6　1988～2008 年园区企业参与制（修）订行业标准数量统计表（单位：项）

年份	行业标准年增加数	行业标准总数	电子与信息技术领域	新材料及应用技术领域	先进制造技术领域	新能源与高效节能技术领域	环境保护技术领域	海洋工程技术领域	其他
1988	2	10	1	—	—	—	—	—	1
1989	3	13	—	3	—	—	—	—	—
1990	27	40	—	5	—	—	—	—	22

续表

年份	行业标准年增加数	行业标准总数	电子与信息技术领域	新材料及应用技术领域	先进制造技术领域	新能源与高效节能技术领域	环境保护技术领域	海洋工程技术领域	其他
1991	74	114	2	1	45	—	2	—	24
1992	199	313	1	2	30	1	—	—	165
1993	78	391	3	4	26	—	2	—	43
1994	62	453	2	8	33	—	—	—	19
1995	46	499	5	1	20	—	1	—	19
1996	41	540	1	16	7	1	1	5	10
1997	28	568	2	4	8	1	—	1	12
1998	47	615	4	1	11	—	1	6	24
1999	212	827	10	12	169	—	4	2	15
2000	47	874	12	1	23	—	1	3	7
2001	63	937	19	2	29	3	3	3	4
2002	67	1004	21	2	19	12	1	—	12
2003	35	1039	13	2	2	2	1	3	12
2004	136	1175	37	21	31	13	4	4	26
2005	123	1298	23	36	21	7	5	3	28
2006	107	1405	53	5	20	7	5	2	15
2007	37	1442	9	2	21	2	—	—	3
2008	52	1494	32	5	3	2	—	3	7

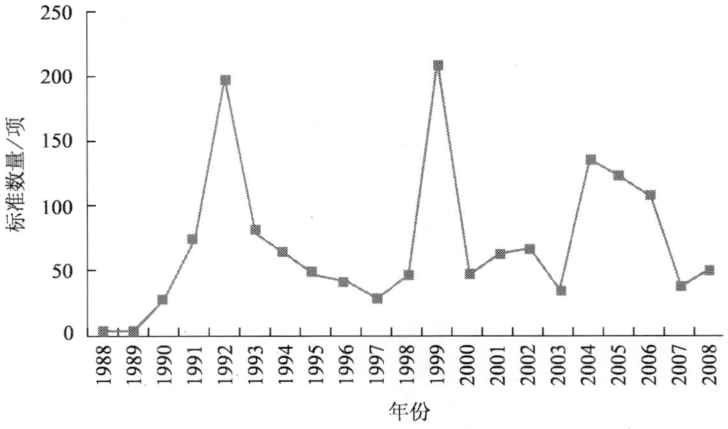

图 2-5　1988～2008 年园区企业参与制（修）订行业标准的数量趋势图

从表 2-6 和图 2-5 可知，中关村科技园区企业参与制（修）订行业标准的数量是波动的，在 1992 年、1999 年、2003 年，园区企业参与制（修）订行业标准的数量有一个大的飞跃。其中以电子与信息技术、新材料及应用技术、先进制造技术三个领域的发展尤其显著。从表2-6可以看出电子与信息技术领域的企业在2000年以来参与行业标准制（修）订活动尤为积极，并呈现快速增长的势头。

（四）园区企业承担TC情况

标准化技术组织是由生产、科研、教学、检验、用户等方面专家、技术人员和管理人员组成，其主要任务是组织标准制（修）订和维护工作。全国标准化技术组织包括TC、SC和直属工作组。全国标准化技术组织是制订和维护国家标准的主要力量，其发展和壮大支撑着我国标准化事业的快速发展。

据不完全统计，截止到2008年年底，我国共有25个企业承担着TC、SC的秘书处工作，其中中关村科技园区企业——中机生产力促进中心承担着螺纹技术委员会（ISO/TC1）和机械工程文件分技术委员会（ISO/TC10/SC6）秘书处工作。

截止到2008年年底，我国共有462个TC，7个直属标准化工作组（WG）。其中，中关村科技园区共有221家企业（占园区企业总数的0.806%）参与了169个TC（占TC总数的47.6%）、1个直属WG（占直属WG总数的14.29%）。参与TC或SC企业的技术领域分布情况见表2-7。参与TC的中关村科技园区企业名单见附录三。

表2-7　参与TC或SC的企业的技术领域分布情况

技术领域	企业数/个	参与的TC/SC数/个
电子与信息技术	69	52
生物工程和新医药技术	11	9
新材料及应用技术	26	29
先进制造技术	55	41
航空航天技术	3	4
现代农业技术动植物优良品种	5	2
新能源与高效节能技术	28	16
环境保护技术	7	6
海洋工程技术	1	1
核应用技术	0	0
其他	16	9
合计	221	169

从表2-7中可以看出，中关村科技园区的企业在电子与信息技术领域具有技

术优势，参与 TC 或 SC 的企业一般是在本技术领域具有领先地位的企业，可以影响本技术领域的标准制订。园区企业在先进制造技术领域也保持着优势地位，有 55 家企业参与了 41 个 TC 或 SC。园区企业在新能源与高效节能技术领域、新材料与应用技术领域也具有相当的实力。

全国标准化技术组织的秘书处负责标准化技术组织的日常管理工作，协助主任委员组织国家标准制（修）订工作，秘书处承担单位一般是该技术领域的权威机构。截止到 2008 年年底，中关村科技园区共有 12 家企业分别承担 30 家 TC 和 17 家 SC 秘书处，远高于其他地区承担 TC 和 SC 秘书处的数量（承担 TC 秘书处的分布情况见附录四）。承担 TC 或 SC 的企业的技术领域分布情况见表 2-8。

表 2-8　园区企业承担 TC/SC 秘书处的企业的技术领域分布

技术领域	企业数/个	承担 TC/SC 秘书处数/个
电子与信息技术	2	10
新材料及应用技术	3	6
先进制造技术	6	30
其他	1	1
合计	12	47

从表 2-8 中可以看出，在先进制造技术领域，中关村科技园区的 6 家企业承担着 30 个 TC/SC 秘书处。这表明，这 6 家企业在先进制造技术领域保持着权威的地位，可以组织制订先进制造技术领域中的 30 个分技术领域的国家标准。在电子与信息技术、新材料及应用技术领域中，也有 2 至 3 家中关村科技园区企业保持着权威的地位。

（五）园区企业参加电子行业标准工作组情况

为了适应通信和信息产业技术发展迅速和电子信息产品更新换代快的市场环境，我国成立了电子信息产业各专业技术领域标准工作组（简称工作组）。工作组以产业发展和市场需求作为根本目标，适时向市场推出标准，提高标准的反应速度，注重标准的时效性和配套性。

截至 2008 年年底，电子行业标准工作组共有 24 个，中关村科技园区共有 61 家企业参与了其中的 16 个标准工作组。参加工信部标准工作组的园区企业一览表见附录五。参加电子行业标准工作组的园区企业的领域分布情况见图 2-6。

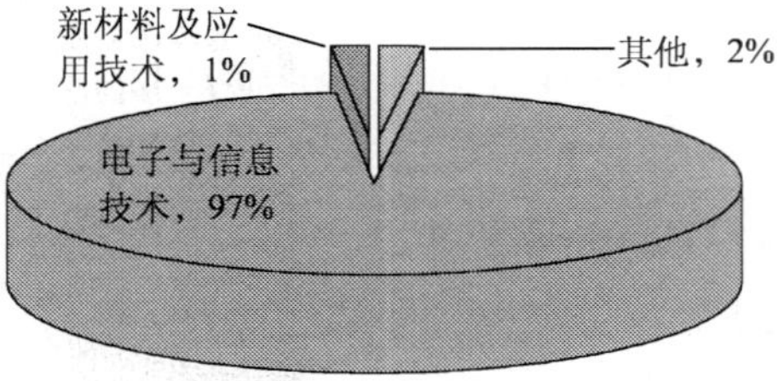

图 2-6　参与电子行业标准工作组的园区企业的领域分布情况

从图 2-6 可以看出，参与工作组的园区企业中，有 59 个属于电子与信息技术领域，这与工作组的行业领域有关，工作组主要是针对技术发展迅速的电子信息产业而成立的标准化技术组织。

参与工作组标准化活动最多的园区企业是联想（北京）有限公司，它参加了 3 个工作组，分别是锂离子电池安全标准工作组、移动存储器标准工作组和新一代高密度视盘标准工作组。

数字音视频编解码技术标准工作组是园区参与企业数量最多的，共有 17 家园区企业参与该标准工作组。数字音视频编解码技术标准工作组成立于 2002 年 6 月，该标准工作组的主要任务是面向我国的信息产业需求，联合国内企业和科研机构，制（修）订数字音视频的压缩、解压缩、处理和表示等共性技术标准，为数字音视频设备与系统提供高效经济的编解码技术，服务于高分辨率数字广播、高密度激光数字存储媒体、无线宽带多媒体通信及互联网宽带流媒体等重大信息领域。

二、中关村科技园区标准化工作环境分析

2006 年 10 月，国家标准化管理委员会正式下达文件《关于在北京市中关村科技园区建立“国家高新技术产业标准化示范区”试点的批复》（国标委高新［2006］76 号），批准成立中关村国家高新技术产业标准化示范区。

通过中关村国家高新技术产业标准化示范区的建设，园区高新技术企业的技术标准战略意识得到提高，主动参与国际标准化活动和主导国际、国家、行业、地方标准制订的意识得到增强，自主知识产权技术标准的数量得到增长，标准的产业化进程不断加快、产业的核心竞争力不断提升。标准化与科技研发、

产业化之间协调发展、园区的标准化服务能力和服务水平得到明显提高。

1. 鼓励具有自主知识产权的标准创制

中关村科技园区充分利用北京的政策、科技、人才等资源优势，积极配合企业参与国家和北京市的科技计划、重大专项和条件平台项目，支持园区企业、企业联盟承担国际标准、国家标准、行业标准、地方标准、联盟标准等制（修）订工作。

通过制订出台园区技术标准奖励办法和实施标准项目资助计划，重点支持园区有明显优势的软件、集成电路、移动通信、计算机与网络、光电显示、环保新能源、文化创意，以及食品与消费品安全、公共安全、信息安全等领域的重大、关键技术项目的技术标准的研究和制订，引导企业以自主创新技术为基础制订技术标准，特别是具有自主知识产权的技术标准的创制，不断提高自主知识产权技术标准数量和质量，有效提高企业的核心竞争力。

2. 企业自主创新能力不断增强

通过中关村标准化示范区工作的开展，园区企业的标准化自主创新意识有了很大提高，自主创新能力不断增强。许多企业成立了专门的标准化部门、配备了标准化专职人员，并积极制订企业标准化发展战略，致力于技术研发与标准同步，实现技术创新与科技成果的快速产业化。

园区企业积极参与标准化活动，涌现出一大批具有自主知识产权的标准和产品，为园区企业把握创新方向、赢得市场先机奠定了基础。园区企业在创制国际标准方面取得了重大突破，如闪联标准已成为全球首个3C协同领域的国际标准，文档读写标准成为我国软件业的第一个国际标准，天元网络与北京邮电大学合作制订了10余项国际标准，大唐电信主导的TD-SCDMA系列标准成为国际标准，并已大规模地实现产业化。基于完全自主知识产权的技术标准生产的园区产品在全国国民经济和社会发展过程，以及奥运等重大活动中发挥了重要作用，进一步提升了我国在国际高新技术产业中的竞争力。

3. 产学研相结合，形成新的创新平台

中关村科技园区企业依托园区内高校、科研院所密集的优势，加强了与产业链上下游企业、高等院校和科研机构的深度联合，促进了科研成果的迅速产业化，并有效地将科研成果转化为标准，提升了行业的整体竞争力。

在园区企业中，天元网络与北京邮电大学，北京威讯紫晶科技有限公司与北京航空航天大学，北京北大方正电子有限公司与北京大学，中星微公司与中国传媒大学等都建立了密切的合作关系。高校为企业提供学术和科研支撑，企业为高校的科研提供技术支持并促进科研成果快速转化。二者资源整合、取长补短，极大地促进了企业的标准化工作，尤其在国际标准和国外先进标准研制方面，取得了非常大的成果。

此外，北京中盾安全技术开发公司、北京航材百慕新材料技术工程有限公司等作为科研院所和高校投资的全资子公司，利用分工式的市场运作方式，在科研成果产业化方面，起到了突出的作用。

4. 产业联盟快速发展，形成标准创制的新模式

高新技术产业的竞争激烈，企业为拓展发展空间，优势互补，提高企业、行业或产业的市场竞争力，逐渐形成了产业联盟或标准联盟。目前，中关村科技园区已经形成了30多家以技术创新和促进产业发展为前提的技术联盟和产业联盟。这些联盟以龙头企业为依托，多家企业技术创新相结合，创制了一系列技术标准和联盟标准，成为园区自主创新力量中新的活跃因子和中国自主创新的样板模式，产生了以TD-SCDMA、闪联、IPv6、数字电视、AVS等一批有影响力的具有完全自主知识产权的国际标准和国家标准、行业标准。这种联盟形式使企业的创新活动从内部扩展到了外部，通过联盟的方式集中优势力量实现技术创新的风险共担和利益共享。

以闪联为例，它作为企业发起的以技术标准为核心的协会或联合，经历了工作组、产业协会和公司三个阶段，最终以产业协会和公司共同模式存在，前者的工作就是制订标准、申请标准，后者负责将其产业化，做到了技术标准与产业化的互促共赢。闪联作为一个中立组织，完成了一些包含知识产权的标准的制订，既保证了各方权益，又保证了各方决策的流程的科学性。

5. 标准化服务支撑体系逐步完善

中关村科技园区为了推进园区标准化工作，成立了中关村标准化服务中心，搭建了标准化服务平台，建立了标准化信息服务网站，加强同标准化技术机构和标准化管理机构的沟通联系，充分利用社会资源为企业服务，大范围、全方

位、多角度、高精准地为园区的企业提供专业化的标准信息服务。

针对企业在标准化教育和培训的需求，园区形成了多层次的人才培养机制。实施标准化主体培育计划，与高校和科研院所联合，协助企业逐步建立“国际人才、专家队伍、技术人员”金字塔模式的标准化人才队伍。

三、园区各技术领域标准化工作发展特点

1. 电子与信息技术领域走国际标准化道路

以微电子为基础，计算机、通信及网络设施为载体，软件为核心的电子与信息技术领域（包括通信、软件与信息服务、计算机及网络、集成电路四个细分领域），凭借其先进的技术、与国际接轨程度较高等优势，坚持自主创新和国际标准化战略，积极参与国际标准化活动，成为园区内标准化工作最为突出的产业领域。

在移动通信技术领域，中关村科技园区拥有各类研发中心 500 多家，华为、中兴通讯等国内大型企业，摩托罗拉、爱立信、诺基亚、朗讯等国际通信巨头也纷纷在园区设立全球研发中心，技术成果颇为丰硕。大唐电信在第三代移动通信、宽带无线接入、软件、微电子等方面拥有大量的核心专利，参与研制了 20 多项国际标准，通信行业标准超过 100 多项，代表中国提出的 TD-SCDMA 标准被 ITU 和 3GPP 成功接纳，成为第三代移动通信主流国际标准之一，极大地提升了我国通信产业的国际竞争力。天元网络与北京邮电大学合作代表中国向 ITU-T 提案 10 项国际标准，与中国移动合作向 3GPP 提案 8 项国际标准。在产业组织方面，TD-SCDMA 产业联盟、SCDMA 产业联盟、中关村手机产业联盟、移动多媒体技术联盟相继成立，创制了大量联盟标准，极大地推动了电子与信息技术领域的发展。

在其他电子与信息技术领域，中关村科技园区聚集了大量标准化水平良好的企业，他们不仅参与国际标准的制订工作，而且积极的将这些技术标准进行产业化，并且取得了一定的成就，为进一步进入国际市场创造了条件。以联想为代表的具备相当国际竞争力的园区企业，已经将企业标准化工作的重点从质量控制和标准执行，转向了以研发新技术来控制技术标准的发展。技术标准开始成为中关村科技园区的信息技术领域的企业参与未来产品全球市场争夺，重

新奠定市场格局的重要手段。中关村科技园区还集聚了中星微、大唐微电子等集成电路设计企业和大型外资企业。其中，海尔集成电路自主设计研发出一款8位处理器，性能达到国际上32位处理器的水平；海尔集成电路正在围绕网络多媒体产业链，与上、下游的芯片制造企业、终端产品制造商、软件企业、内容提供商等开展合作，共同推动产业走向国际。

2. 新能源与节能环保领域标准化工作实现跨越式发展

中关村科技园区的新能源与节能环保产业在高速发展的同时，空间集聚度日益增强。目前，海淀园、昌平园和丰台园3个园区的能源与环保产业总收入直线上升，科研基础平台不断完善，技术创新成果大幅增加，产业规模迅速扩大。伴随着国际、国家环境和能源需求增加，尤其是北京市大力发展绿色交通、绿色出行的大环境，为该领域的标准化工作发展提供了巨大的发展空间。

到目前为止，中关村科技园区已经成立了包括中关村节能环保产业联盟、中关村清新空气产业联盟、中关村农业生物技术产业联盟、中关村浅层地能替代能源产业联盟、中关村资源节约与能源管理服务产业联盟、中关村新能源技术（热泵）应用联盟、污泥无害化产业联盟7家相关产业联盟，致力于新能源与节能环保产业领域的新技术开发，联盟标准创制等活动。与此同时，清华阳光、国电龙源、中成泰科等一大批新能源与环保企业积极开展标准化活动，参与国家标准、行业标准和企业标准的制订，使得该领域的标准化工作在近年来实现了跨越式发展。

3. 新材料领域标准化异军突起

进入21世纪，新材料产业已被世界公认为最重要、发展最快的高新技术产业之一。而随着我国在航空、航天、汽车、电子、电器，以及建筑、民用等众多领域的跨步发展，新材料产业正进入黄金发展阶段。

近年来，在中关村科技园区以纳米和超导材料、太阳光伏材料等为主的新材料技术领域发展异常迅猛，产业环境进一步优化，研发平台逐步完善，科技投入比重逐年增加。目前，园区的新材料领域在安泰科技、中科三环、有研硅股、北矿磁材、中信国安盟固利、京东方等一批龙头企业引领下，集聚了蓝星清洗、燕化高新、北京化二、星新材料、北京建材等多家上市化工新材料企业和建材新材料企业，自主创新表现活跃，众多技术成果国内领先，由此也催生了众多技术标准，为园区在新材料产业领域创制标准和产业化推广奠定了坚实基础。

到目前为止，只有少数园区企业刚开始接触国际标准，准备参与新材料国际标准的制订工作，新材料领域的园区企业在国际标准参与方面还有待于进一步提高，这与园区企业产品在国内有一定的知名度和市场占有率，但是在国际上竞争实力还不高相关。

4. 生物医药领域的标准化工作稳步发展

近年来，中关村科技园区的生物医药产业继续活跃，一类新药申请全国领先，一部分生物制药企业表现出活跃的技术开发能力。该领域标准化工作主要可分为两个方面，一方面是医疗器械等一些辅助性器械产业标准化；另一方面则是生物医药类产业的标准化。

随着市场需求量和技术创新性能的增加，研发产业逐步形成，医疗器械等产业的标准化工作在稳步发展。而通过对医药类生产企业的标准化工作调研发现，主要存在的问题是标准申报和审批过程复杂，涉及相关单位多，标准审批时间长等。这些问题的存在限制了生物医药领域的园区企业标准化工作的开展。

5. 先进制造技术领域标准化工作处于领先地位

先进制造技术是制造业中将机械工程技术、电子信息技术、自动化技术、现代管理技术，以及材料技术等相关科学技术综合交融的一门技术。随着经济全球化进程的加快，先进制造技术可归纳为绿色制造、高新技术、信息化、极端制造四个方面。

园区的先进制造产业领域企业参与国家、行业标准制（修）订活动非常积极。截止到 2008 年年底，中关村科技园区在自动化技术领域、航天技术领域、海洋技术领域等，有 34 家企业参与了 1273 项先进制造技术国家标准的制订，共有 30 个企业参与了 521 项行业标准的制（修）订活动，平均每个企业参与制（修）订行业标准 17.37 项，企业的科研实力强，在技术上具有领先优势，产业化推广潜力很大。

6. 文化创意等现代服务领域标准化逐渐起步

随着中关村科技园区高新技术的快速提升和企业数量的增多，信息、高新技术生产、文化创意等新兴服务作为园区的相关配套产业，近年来得到快速发展，标准化工作也逐渐起步。

第三章　高新技术产业标准化重大问题分析

与传统产业标准化相比，中关村科技园区以高新技术产业为主，其标准化活动有着鲜明的特点。标准中的知识产权、产业技术联盟标准化、重点标准战略产业选择、标准创制模式等问题是高新技术产业标准化所面临的新问题，研究分析这些问题，将对中关村科技园区标准战略提供理论基础。

第一节　标准与知识产权问题分析

随着现代科学技术的发展和知识经济的到来，技术更新速度越来越快，标准中涉及知识产权的问题也日益突出。本节将从标准与知识产权结合的背景分析入手，研究标准与著作权、商标权、专利权等知识产权的关系，剖析国际国内标准组织的知识产权政策，分析标准与知识产权结合的发展趋势，为妥善解决高新技术产业的标准与知识产权问题提供理论支撑。

一、标准与知识产权结合的背景

标准与知识产权的结合是近年来随着经济全球化，以及现代科学技术的发展而产生的新现象，尤其是在蓬勃兴起的高新技术领域更为显著。高新技术领域的标准制订以该领域不断更新的科学技术为依托，而这些科学技术常常包括版权、专利权等知识产权，标准制订和实施中不可避免地会涉及知识产权问题。

知识产权与标准的结合是科技进步、经济发展的结果，二者的结合源于标准化和知识产权本身的特性及标准和知识产权对市场影响力的不断提升。

（一）标准与标准化

标准是为了在一定的范围内获得最佳秩序，经协商一致制订并由公认机构批准，共同使用的和重复使用的一种规范性文件。标准宜以科学、技术和经验的综合成果为基础，以促进最佳的共同效益为目的。

标准化是为了在一定范围内获得最佳秩序，对现实问题或潜在问题制订共同使用和重复使用的行为规范的活动。①

标准化的主要作用有三个方面。一是为了预期目的改进产品、过程和服务的适用性。这是标准化的最基本的作用。二是防止贸易壁垒。这是标准化对于贸易的作用。标准化的这一作用表现在几个方面，首先，采用国际标准可以有效地防止贸易壁垒；其次，标准制订程序遵循透明度原则，标准制订过程是协商一致的过程，所有这些都能减少贸易壁垒。三是促进技术合作。这是标准化对技术进步的作用，正因为有了标准化的产物——标准，大家才有进行技术合作的基础，从而能够推动科技的发展。

标准化的领域随着时间的推移也在不断的扩展，从最初制订产品标准、技术标准，发展到服务标准、管理标准等；从主要在工业生产领域，扩展到农业领域，又进一步发展到安全、卫生、环保等领域。

（二）知识产权

知识产权是指人们依法对其智力创造的成果享有的专有权，主要包括发明专利、商标及工业品外观设计等方面组成的工业产权和自然科学、社会科学及文学、音乐、戏剧、绘画、雕塑、摄影等方面的作品组成的著作权（版权）两部分。大部分知识产权的获得需要法定的程序。

知识产权是人们对无形财产所享有的权利，它不同于一般的有形财产权，具有以下特征。

---

① 国家标准 GB/T 20000.1—2002《标准化工作指南　第1部分：标准化和相关活动的通用词汇》

（1）无形性

知识产权是体现在人类创造的智力成果上的财产权，属于无形财产所有权，它是一种无形的东西和利益，具有不同于有形财产的一系列法律形态。

（2）专有性

即独占性或垄断性。除权利人同意或法律规定外，权利人以外的任何人不得享有或使用该项权利。这表明权利人独占或垄断的专有权利受严格保护，不受他人侵犯。只有通过“强制许可”、“征用”等法律程序，才能变更权利人的专有权。

（3）地域性

即只在所确认和保护的地域内有效。即除签有国际公约或双边互惠协定外，经一国法律所保护的某项权利只在该国范围内发生法律效力。知识产权既具有地域性，在一定条件下又具有国际性。

（4）时间性

知识产权权利人享有的专有权具有时间的限制，在法定的有效期内受法律的保护，超过了法律规定的期限，该项法律保护自动失效，有关的智力成果进入公有领域，成为任何人都可以无偿使用的社会公共财富。

（三）标准与知识产权的关系

标准的制订和实施都无法避开知识产权。标准以科学、技术和时间经验的综合成果为基础，经有关方面协调一致，由主管机构批准，以特定形式发布，作为共同遵守的准则和依据。标准化的目的在于协调整个社会生产、贸易、消费等各方面的利益，对于社会生活起到促进、保护、协调和优化的作用。标准受某一时期、某一领域的科学技术发展水平高低的限制。在知识经济时代，新技术的所有者大多寻求以知识产权保护自己的新技术，而且一项新产品或新技术往往包含多个技术方案并分别为不同的知识产权所有人掌握。在某些领域的标准制订中已经无法回避所选技术方案的知识产权问题，若完全放弃必要的知识产权会导致标准无法实施。

知识产权人可以借助标准获取更大利益。知识产权是人们基于自己的智力活动创造的成果和经营管理活动中的经验、知识而依法享有的专有权利。知识产权制度通过对知识创造的激励、对社会公共利益的保护和对国际经济、技术交流与合作的促进，在当今世界的经济发展中发挥着举足轻重的作用。如果某项知识产权被纳入到标准中，则意味着标准使用者都会使用该项知识产权，这扩展了知识产权许可的范围。越来越多的知识产权所有者也积极寻求将其含有知识产权的技术方案与标准相结合，从而展开自己的知识产权战略，巩固其市场优势地位。

知识产权与标准的结合是由市场和技术发展的实际状况决定的。在处理标准与知识产权的关系时，需要考虑到双方主体的权益，一是知识产权人的权益，二是标准使用者的权益，忽略任何一方的权益都是不可取的。只有在标准对知识产权的需求和充分保护知识产权之间寻求到合理的平衡，才能实现既保护知识产权、促进技术创新，又能推动标准化的健康发展，不断提高社会福利的目标。

标准与知识产权的结合直接影响着标准的制订和实施，也影响着标准化组织的管理和运行。合理运用知识产权政策，可促进标准化工作的开展，例如，综合运用标准的版权和商标权，为标准的制订实施提供保证，还可为标准化组织本身带来一定的收益。

（四）标准涉及知识产权的种类

与标准有关的知识产权分为两类，一类是标准化组织拥有的知识产权，包括标准本身的版权和标准化组织的商标权。标准版权是指标准化组织对其制订和出版的各种标准文件享有版权，包括这些文件的电子版权。标准化组织的商标权是指标准化组织对其注册为商标的标识的许可使用、处置、续展等商标专有权利。另一类是标准制订和实施中涉及的专利权和软件版权等，这类知识产权的所有者一般不是标准化组织。

二、标准与著作权

（一）著作权概述

1. 著作权的概念

著作权，又被称为版权，是指自然人、法人或其他组织对文学、艺术或科学作品依法享有的财产权利及人身权利。著作权法只保护著者思想的表现形式，而不保护思想本身。

著作权中的作品是由作者的脑力劳动所创造、为著作权法所确认，并受著作权法保护的一定形态的知识产品。作品须具备独创性、可复制性、合法性等条件。著作权保护的作品包括文字作品；口述作品；音乐、戏剧、曲艺、舞蹈杂技艺术作品；美术、建筑作品；摄影作品；电影作品和以类似摄制电影的方法创作的作品；工程设计、产品设计图、地图、示意图等图形作品和模型作品；计算机软件；法律、行政法规规定的其他作品。

著作权法保护作品的范围虽然很广，但并非任何作品都受其保护。中国著作权法不保护的作品有两大类。一类是不具备合法性要件的作品。具体是指一切依法禁止出版、传播的作品；一切违反宪法和法律，损害公共利益，违背社会公德和社会伦理的作品，故意妨害公共秩序的作品。另一类是那些虽具有合法性，但因不具备独创性或已进入“公有领域”等原因，而不享有著作权保护的作品。具体是指法律、法规；国家机关的决定、命令和其他具有立法、行政、司法性质的文件及官方正式译文；时事新闻；历法、通用数表、通用表格和公式等。

2. 著作权的内容

著作权是一种民事权利，包括人身权和财产权。

根据《中华人民共和国著作权法》，著作人身权具体包括：

1）发表权，是指作者决定作品是否公之于众的权利。

2）署名权，是指作者表明作者身份，在自己创作的作品上署名的权利。作者既可以署真名，也可以署笔名、别名，甚至不署名。

3）修改权，是指作者修改或者授权他人修改作品的权利。

4）保护作品完整权，是指保护作品不被歪曲、篡改的权利。保护作品完整权是一种禁止权，即作者在授权他人修改作品时，有权禁止他人歪曲、篡改其作品。

著作财产权是指著作权人享有的因他人使用其作品而获得报酬的权利。具体包括：

1）复制权，是指以印刷、复印、拓印、录音、录像、翻录、翻拍等方式将作品制作一份或多份的权利。

2）发行权，是指作者以出售或者赠与方式向公众提供作品的原件或复制件的权利。

3）出租权，是指有偿许可他人临时使用电影作品和以类似摄制电影的方法创作的作品、计算机软件的权利。

4）展览权，是指公开陈列美术作品、摄影作品的原件或复制品的权利。

5）表演权，是指公开表演作品，以及用各种手段公开播送作品的表演权利。

6）放映权，是指通过放映机、幻灯机等技术设备公开再现美术、摄影、电影和以类似摄制电影的方法创作的作品等的权利。

7）广播权，是指以无线方式公开广播或者传播作品，以有线传播或转播的方式向公众传播广播的作品，以及通过扩音器或者其他传送符号、声音、图像的类似工具向公众传播广播的作品的权利。

8）信息网络传播权，是指以有线或者无线方式向公众提供作品，使公众可以在其个人选定的时间和地点获得作品的权利。

9）摄制权，是指以摄制电影或者以类似摄制电影的方法将作品固定在载体上的权利。

10）改编权，即改变作品，创作出具有独创性的新作品的权利。

11）翻译权，是指将作品从一种语言转换成另一种语言文字的权利。

12）汇编权，是指将作品或者作品的片段通过选择或者编排，汇集成新作品的权利。

13）其他应当由著作权人享有的权利。

在中国，著作权采用“自动取得”的原则。即著作权自作品完成创作之日起产生，作品不论是否发表，作者均享有著作权，并受著作权法保护。如无相反的证明，在作品上署名的公民、法人或者其他组织为作者。两人以上合作创作作品的作者共同享有著作权。改编、翻译、注释、整理已有作品而产生的作品，其著作权由改编、翻译、注释、整理人享有，但行使著作权时不得侵犯原作品的著作权。

3. 著作权的合理使用

著作权的合理使用是指在法律规定的情况下，指明作者的姓名、作品名称的，可不经著作权人的同意，不支付报酬的使用作品。著作权的合理使用的法定情况有：

1）为个人学习、研究或者欣赏。

2）为介绍、评论某一作品或说明某一问题，在作品中适当引用。

3）为报道时事新闻，在媒体中不可避免地再现或引用已发表的作品。

4）媒体刊登或播放其他媒体已发表的关于政治、经济、宗教问题的时事性文章，但作者特别声明不许刊登、播放的除外。

5）媒体刊登或播放在公众集会上发表的讲话，但作者特别声明不许刊登、播放的除外。

6）为学校课堂教学或科学研究，翻译或少量复制已经发表的作品，供教学或科研人员使用，但不得出版发行。

7）国家机关为执行公务在合理的范围内使用已发表的作品。

8）图书馆、档案馆、博物馆、美术馆等为陈列或保存版本的需要，复制本馆收藏的作品。

9）免费表演已发表的作品。

10）对设置或陈列在室外公共场所的艺术作品进行临摹、绘画、摄影、录像。

11）将中国公民、法人或其他组织已经发表的以汉语言文字创作的作品翻译成少数民族语言文字作品在国内出版发行。

12）将以发表的作品改成盲文出版。

4. 著作权的保护期

著作人身权利中的署名权、修改权、保护作品完整权保护期不受限制，受到法律的永久保护。著作财产权和发表权的法律保护是受时间限制的，作者是公民的，为作者终生及其死亡后50年；作者是法人或者其他组织的，自作品首次发表后50年，但作品自创作完成后50年内未发表的不再享有保护；电影、摄影等作品截止于作品首次发表后50年，但作品自创作完成后50年内未发表的不再享有保护。

（二）标准的著作权

标准是为了公共利益，但不是公共商品。标准是标准化机构组织相关方面的专家生产出来的一种特殊产品，标准在制订过程中付出了创造性劳动，标准具有独创性、可复制性和合法性的特性，符合著作权保护的作品的构成要件，属于著作权法保护的范围。

著作权属于作者。由法人或者其他组织主持，代表法人或者其他组织意志创作，并由法人或者其他组织承担责任的作品，法人或者其他组织视为作者。标准化机构负责组织标准的制订、维护和管理等工作，具有法人资格，并承担相应的责任，因此，标准化机构是标准版权的所有者。标准化技术委员会是标准化机构为了制订标准而成立的技术团体，是标准的生产车间，是为标准化机构服务的，委员会是以专家个人身份组成的松散组织，不对外承担责任，不是一个法人组织，因而标准化技术委员会不能拥有标准的版权。

（三）国际标准的版权保护

国际标准化组织（ISO）历来非常重视 ISO 国际标准及其出版物版权的保护工作。ISO 自 1951 年制订和出版其第一个“建议”起，即已声明其版权归 ISO 所有。1972 年，ISO 将“建议”改为“国际标准”，并进一步声明 ISO 是国际标准版权的拥有者，而且，将国际标准版权使用权自动地转移给了 ISO 成员用于制订其本国标准。此外，ISO 成员国有义务在其国内采取一切措施保护 ISO 知识产权。

1992 年 11 月，国际标准化组织和国际电工委员会（IEC）制订了《IEC 和 ISO 共同版权、文本使用权和销售政策》，简称 POCOSA 协议。为应对标准出版发行电子化和网络化所带来的新的侵权盗版及版权争议问题，ISO 采取了新的措施进一步保护自己的知识产权。1996 年，ISO 理事会通过第 42 号决议《ISO 知识产权保护指南和政策》，将国际标准的知识产权保护范围由纸质文本扩大到电子版本。自 1993 年 1 月 1 日，POCOSA 协议生效以来，根据时代的发展，ISO 对其进行了多次修订。2005 年修订为《ISO 关于 ISO 出版物版权、版权使用权和销售的政策和程序》（简称 ISO POCOSA2005）。

在 ISO POCOSA2005 中，重新定义了 ISO 出版物，ISO 出版物是 ISO 向最终用户提供的 ISO 拥有版权的任何类型出版物，包括 ISO 标准，ISO 衍生品和成套产品，ISO 中央秘书处产品和 ISO 期刊、合作出版物四种类型，适用于所有可提供的格式。ISO 标准包括在 ISO 技术活动范围内制订的所有可交付的文件［包括 ISO 标准、技术报告（TR）、技术规范（TS）、工业技术协议（ITA）、国际专题组协议（IWA）、可公开提供的规范（PAS）等］及其各制订阶段的标准草案［包括工作草案（WD）、委员会草案（CD）、国际标准草案（DIS）和最终国际标准草案（FDIS）］，受版权保护的ISO出版物在其出版物的显著位置都有版权公告。ISO POCOSA2005对ISO中央秘书处、ISO成员国和发行商发行ISO出版物，以及ISO成员国和第三方复制ISO标准中的版权保护做出了详细规定。为了保护ISO出版物电子版的版权，在ISO POCOSA2005附录二中给出了《ISO关于实施数字权管理（DRM）系统保护ISO出版物的政策》。

对于ISO来说，来自出版物和版权方面的收入是涉及其经济命脉的大事。正如ISO章程第16.1条所表示的“ISO组织的资金应来自各成员国缴纳的会费和捐款、来自销售出版物所得之收入”。虽然ISO的财力主要依靠其成员会费和捐款，但ISO中央秘书处的部分活动经费来源于ISO出版物的销售收入和版税收入。在ISO中央秘书处的总收入中，约40%来自出版物的销售和版税收入。

（四）欧洲标准版权保护政策

欧洲标准化组织主要包括欧洲标准化委员会（CEN）、欧洲电工标准化委员会（CENELEC）和欧洲电信标准学会（ETSI）。CENELEC主要负责电工电子工程领域的标准化工作，ETSI负责电信技术与工程领域的标准化工作，其他领域的标准由CEN承担，她们是互为补充的三个独立的标准化机构。

根据欧洲标准化组织的有关规定，CEN、CENELEC和ETSI这三个组织制订的标准不具有独立自治的地位，需要将它们作为国家标准发布和实施。欧洲标准作为国家标准发布时必须采用双编号，如BS/EN，这表明是由英国标准学会（BSI）发布的欧洲标准，同时也是英国国家标准（BS）。尽管这三个欧洲标准化组织并不出版标准，但它们仍对其所制订的标准拥有版权，包括对技术委员会草案、处于征询阶段的标准草案和正式生效的标准都拥有版权。但其使用权通过转移制度和版权政策授予了欧洲各国的标准组织，从而使各国标准团体从使用和销售转化为国家标准的欧洲标准中受益。

欧洲标准化组织的标准版权是采用转移制度的，但三个标准化机构的版权转移制度却各不相同。根据《CEN关于标准版权保护的指南》的规定，CEN标准所涉及的各个阶段，如委员会草案、征询阶段的标准稿和最终阶段的标准稿都涉及版权问题。技术委员会成员和专家在每次参加的会议上都通过简单的签到，将其个人的权利直接转让给CEN。由此可见，CEN的所有成员和专家在其参加每次会议时签署会议声明，将其拥有的版权转移给CEN，CEN的国家成员将 CEN 标准作为国家标准发布，从而 CEN 又将其拥有的版权转移给其成员组织，如 BSI、德国标准协会（DIN）和法国标准协会（AFNOR）等。

CENELEC 标准版权转移方式不同于 CEN。CENELEC 在其标准制订的各个阶段都拥有版权。参与起草标准各个阶段的技术委员会成员和专家根据各国标准化组织的章程将其权利转移给其所代表的国家标准组织，如在 BSI 中代表英国参加标准制订的专家将其版权让与了 BSI。各成员和国家委员会根据各团体的章程同意将其所有的这些权利让与 CENELEC，CENELEC 再通过各国家委员会将其标准作为国家标准发布而将版权转移给各国标准化团体。

ETSI 标准版权的转移方式又不同于 CEN 和 CENELEC，根据 ETSI 的知识产权政策规定，ETSI 成员提交的建议一旦被纳入标准文献中并用于出版，其版权就转移给 ETSI。ETSI 拥有其出版物的全部版权（包括与其相关的计算机代码）。然而，与 CEN 和 CENELEC 政策不同的是，凡是非商业性使用标准都可以免费提供。单件 ETSI 出版物可以在互联网上查找和免费下载。但 ETSI 规定，下载的文件严格规定只限于私人使用，并且未经 ETSI 和其他版权持有人同意，不允许对其进行修改、重新分发、销售或作任何形式的重新包装。然而，根据 ETSI 的知识产权政策，任何以商业为目的使用和销售 ETSI 出版物都要得到许可，针对不同的分销机构采用不同的协议。针对独立的销售机构，ETSI 将与其签署《版权许可协议》，内容包括协议条款、终止条款和需缴纳的版税条款。而针对非标准组织机构，ETSI 需与其签署“销售协议”，并需要向 ETSI 缴纳不同的版税。版税的多少由双方协商。

（五）国外标准组织的版权保护

在市场经济体制的国家中，负责标准制订和管理的标准化机构拥有标准的版权，并且制订了严格的标准版权管理和保护的政策及规定，在标准的封面或封底的显著位置都明确标有标准的版权公告，标准版权的收入是其经费的一个重要来源。由于标准不同于其他出版物，一般来说，拥有标准版权的标准化机构自己负责标准的出版、发行和销售工作，并实行按需印刷的销售政策。这样，既可以降低成本，提高标准的发行效率，也有利于收集标准使用方面的信息和标准版权的保护。

（六）中国标准著作权保护

由于我国过去长期实行计划经济体制的管理模式，由政府进行标准化管理，标准制订经费由国家提供，参与标准制订的机构是国有企业或国有科研机构，标准维护和管理也是由国家的行政机构负责。标准的使用者是企业，但企业是国有企业，标准的提供者和使用者都是国家所有，在这种情况下，标准的版权就显得不那么重要了。这就导致标准版权不明确，社会的标准版权意识淡薄，许多企业甚至认为标准应该免费提供给企业使用。

随着我国社会主义市场经济体制的完善，企业所有制的多元化，标准用户的复杂化，我国的标准版权应该与书或软件的版权一样，明确和清晰标准的版权，提高社会的标准版权意识，加强标准版权的保护工作，从而促进标准化事业的健康发展。

我国标准的出版、发行工作由享有标准专有出版权的出版社负责。《标准出版管理办法》规定，根据上级主管部门的授权或同标准审批部门签订的合同，标准的出版单位享有标准的专有出版权。任何单位或个人以经营为目的，以各种形式复制标准的任何部分，必须事先征得享有专有出版权单位的书面同意。标准必须由国务院出版行政部门批准的正式出版单位出版，其他单位未经授权不得从事标准出版活动。

国家标准由中国标准出版社出版发行。行业标准由国务院有关行政主管部门根据出版管理的有关规定确定相关的出版单位出版，也可由中国标准出版社出版。地方标准由省、自治区、直辖市标准化行政主管部门根据出版管理的有关规定确定相关的出版单位出版。

三、标准与商标权

（一）商标权概述

1. 商标的概念

商标是生产者、经营者在其生产、制造、加工、拣选、经销的商品上，或在其提供的服务上采取的用于区别商品或服务来源的、具有显著特征的标志。经国家核准注册的商标为“注册商标”，受到法律的保护。商标注册人享有商标专用权。

根据《中华人民共和国商标法》，商标分为：①商品商标，是指用来将一个企业的商品与其他企业的商品区别开来的、看得见的标志。②服务商标，也称服务标志，是指用来将一个企业的服务与其他企业的服务区别开来的、看得见的标志。③集体商标，是指以团体、协会或其他组织名义注册，供该组织成员在商事活动中使用，以表明使用者在该组织中的成员资格的标志。④证明商标，是指由对某种商品或者服务具有监督能力的组织所控制，而由该组织以外的单位或者个人使用于其商品或者服务，用以证明该商品或者服务的原产地、原料、制造方法、质量或者其他特定品质的标志。

商标具有以下特征：①商标是具有显著性的标志，既区别于具有叙述性、公知公用性质的标志，又区别于他人商品或服务的标志，从而便于消费者识别。②商标具有独占性。使用商标的目的是为了区别与他人的商品来源或服务项目，便于消费者识别。注册商标持有人对其商标具有专用权、独占权，未经注册商标所有人许可，他人不得擅自使用。③商标具有价值。商标代表着商标所有人生产或经营的质量信誉和企业信誉、形象，商标所有人通过商标的创意、设计、申请注册、广告宣传及使用，使商标具有价值，也增加了商品的附加值。商标的价值可以通过评估确定。商标可以有偿转让，也可以经商标所有权人同意，许可他人使用。

2. 商标权的内容

商标权是商标专用权的简称，是指商标主管机关依法授予商标持有人对其注册商标受法律保护的专有权，包括商标注册人对其注册商标的排他使用权、收益权、处分权、续展权和禁止他人侵害的权利。商标权所有人应承担的义务主要有确保商品质量、使用注册商标、依法缴纳各种费用等。

商标权是一种无形资产，具有经济价值，可以用于抵债，即依法转让。根据《中华人民共和国商标法》的规定，商标可以转让。转让注册商标时，转让人和受让人应当签订转让协议，并共同向商标局提出申请。

3. 驰名商标的认定

驰名商标制度是为充分保护知名商标所有权人的合法权益而创设的，其宗旨是合理保护相关的商标所有权，维护公平竞争，制止侵犯他人商标专用权的行为。

根据《驰名商标认定和保护规定》，驰名商标是指在中国为相关公众广为知晓并享有较高声誉的商标。根据《中华人民共和国商标法》，认定驰名商标应当考虑的因素包括：相关公众对商标的知晓程度；商标使用的持续时间；商标的任何宣传工作的持续时间、程度和地理范围；商标作为驰名商标受保护的记录；商标驰名的其他因素。

驰名商标的保护不同于普通商标仅限于相同或相似的商品，而是采取跨类保护，即只要认定为驰名商标，其他企业在其任何商品中均不得采用该商标。

4．商标的保护期

注册商标专用权具有时间性。注册商标的有效期为10年，从商标核准注册之日起算。期满需要继续使用的，应当申请续展注册，每次续展注册的有效期为10年。

注册商标的所有人对其所有的注册商标，享有独占的使用权，未经其许可，任何人都不准在同一种商品或者类似商品上使用与其注册商标相同或近似的商标。

（二）标准的商标权

标准的商标权是指标准组织对其拥有的商标的标识的许可使用、处分、续展等商标专有权利。

许多标准化组织或标准体系一般都有自己的标识，其基本目的是为了达到确认、区分不同标准的目的。例如：国际标准化组织以“ISO”为其标志；在我国，国家标准标志以“GB”表示，地方标准以“DB”表示，企业标准以“Q”表示，推荐性国家标准标志以“GB/T”表示。

标准标识的商标权属于标准化组织。标准化组织运用标识管理，维护自身合法利益和扩大标准化组织本身的影响力。标识的许可使用已经成为标准化组织的一项重要的知识产权战略。

ISO作为世界上影响最大的国际标准组织，注重ISO标识的管理，并形成了一套完整的标识管理政策。ISO已将“ISO”注册为商标，ISO对其享有专有权。ISO的标识对外授权仅限于允许各成员国组织在其域名中使用。ISO的职能是制订标准，不对企业进行认证。即ISO标识的使用绝不能与管理系统、产品、服务的认证和评估联系起来。企业通过了ISO9000、ISO14000等的认证，只能说明企业的服务和产品的质量采用并达到了ISO9000族和ISO14000族系列标准，认证与ISO无关。

（三）标准中的商标

国家标准GB/T1.1—2009《标准化工作导则　第1部分：标准的结构和编写》中规定了标准中商品名的使用原则。

标准应给出产品的正确名称或描述，而不应给出产品的商品名（品牌名）。特定产品的专用商品名（商标），即使是通常使用的，也宜尽可能避免。如果在特殊情况下，不能避免使用商品名，则应指明其性质，例如，用注册商标符号®注明（见示例1）。

示例1：最好用“聚四氟乙烯（PTFE）”，而不用“特氟纶®”。

如果适用某标准的产品目前只有一种，则在该标准的条文中可以给出该产品的商品名，但应附上示例2所示的脚注。

示例2：“1）……［产品的商品名］……是由……［供应商］……提供的产品的商品名。给出这一信息是为了方便本标准的使用者，并不表示对该产品的认可。如果其他等效产品具有相同的效果，则可使用这些等效产品。”

如果由于产品特性难以详细描述，而有必要给出适用某标准的市售产品的一个或多个实例，则可按示例3所示在脚注中给出这些商品名。

示例3：“1）……［产品（或多个产品）的商品名（或多个商品名）］……是适合的市售产品的实例（或多个实例）。给出这一信息是为了方便本标准的使用者，并不表示对这一（这些）产品的认可。”

四、标准与专利权

（一）专利权概述

1. 专利权的概念

专利权，简称“专利”，是指由国家专利主管机关授予申请人在一定期限内实施其发明创造的专有权。专利申请人被授予专利权后，享有专利法赋予的权利，未经专利权人许可，任何人不得制造、使用、销售其取得专利的发明成果，否则构成侵权，当受法律的制裁。

《中华人民共和国专利法》将专利分为三种，发明专利、实用新型专利和外观设计专利，具体内容如下：

1）发明专利是指对产品、方法或者其改进所提出的新的技术方案。

2）实用新型专利是指对产品的形状、构造或者其结合所提出的适于实用的新的技术方案。

3）外观设计专利是指对产品的形状、图案或者其结合，以及色彩与形状、图案的结合所做出的富有美感并适于工业应用的新设计。

专利保护的目的不是为了垄断市场，而是鼓励技术创新，并使企业能够不断地进行研发投入，申请新的专利，从而形成良性循环，培育一个健康发展的市场。

2. 专利权的内容

享有专利权的单位和个人统称为专利权人。专利权包括：

1）独占权，是指专利权人有自己制造、使用和销售专利产品，或者使用专利方法的权利。他人未经专利权人同意，不得支配其专利。

2）转让权，是指专利权人将专利的所有权或持有权，通过签订转让合同的方式转让给他人。转让后转让人不再享有专利权，受让人成为新的专利权人。专利权的转让，必须签订书面合同，经专利局登记和公告后才发生法律效力。

3）许可权，是指专利权人有权许可其他单位或个人制造、使用、销售其专利产品，使用其专利方法。被许可人无权就该专利再许可第三人使用或将该专利转让给第三人。专利实施许可必须签订书面合同。

4）进口权，是指专利权人有权禁止他人未经其许可进口与其专利产品相同的产品或进口依其专利权方法可直接获得的相同的产品。

5）标记权，是指专利权人有权在专利产品的包装上标明专利记号和专利号。发明人和设计人无论是否为专利权人，都有在专利文件上写明自己是发明人或设计人的权利。这种人身权利，不因专利权的转让而消灭。

6）排除侵犯权，是指专利权人在自己的专利权受到侵犯时，有请求专利管理机关进行处理，或者直接向人民法院起诉的权利。

7）放弃权，是指专利权人通过向专利局提出书面申请或以不缴年费的方法放弃其专利权。放弃专利权，实际上是专利权人对其专利权的一种处分。

专利权人的义务包括：

1）缴纳年费的义务，否则，视为放弃专利权。

2）职务发明创造专利权的单位有支付奖励费的义务。

3）实施专利发明创造的义务。专利权人实施其专利，既是一项权利，也是一项义务。否则，国家专利机关有权强制实施。

3. 专利的申请

专利申请在中国采用“先申请”原则。两个以上的申请人分别就同样的发明创造申请专利的，专利权授予最先申请的人。

授予专利的机关主要进行形式和实质条件的审查。形式审查，是关于专利申请文书的写法和格式的审查；实质审查，是关于发明专利自身状况的审查。授予发明或实用新型的专利权的要件是具备新颖性、创造性、实用性的条件（简称“三性”），具体要求如下：

新颖性是指该发明或实用新型在申请日以前符合以下条件：

1）没有在国内外出版物上公开发表过。

2）没有在国内公开使用过。

3）没有在国内以其他方式为公众所知。

4）没有在申请日以前由他人向中国专利局提出过申请，并记载在申请日后公布的专利申请文件中。

创造性是指该发明或实用新型的创造性同申请日以前已有的技术相比，该发明有突出的实质性的特点和显著的进步。

实用性是指该发明或实用新型能够制造或使用并且能够产生积极效果。

4. 专利权的保护期

专利权的保护期限，即专利权的时间效力。在中国，发明专利权的期限为20年，实用新型和外观设计专利权的期限为10年，均自申请日起算。

（二）标准中的专利权问题

自20世纪末以来，标准涉及专利的问题，逐渐引起国内外的普遍关注。一方面，知识产业的迅速崛起使得专利持有人利用知识产权保护自身利益的意识日益增强；另一方面，由于在标准的制订过程中不断吸纳新技术，所以难以避免新技术中涉及的专利。标准与专利的关系和处理原则正日益影响着标准的制订和使用，成为标准化活动中研究关注的热点问题。

标准以科学、技术和经验的综合成果为基础。以往，标准中采用的技术都是成熟的技术，或者是已进入公共领域的技术，这些技术不在专利法的保护范围内，使用也不受专利权的限制。随着信息技术和知识经济的快速发展，标准的作用日益重要，在技术大规模产业化之前，就需要制订标准来引导和规范产业的发展，为了提高标准的市场适用性，标准中要越来越多地引入新技术，当标准化对象所采用的技术是专利技术时，标准中的专利问题就凸现出来。专利的专有权保护，其目的是鼓励技术创新，同时也限制了其他人的随意使用。而标准是促进社会化大生产发展的重要手段，标准中的技术一旦被采纳，将随标准的推广而被普遍使用，这样一来标准使用的广泛性和专利的限制性就发生了冲突。

标准中涉及专利会影响标准的推广和使用。标准的使用是无偿的，标准使用者只要支付较低的标准文本购买费用就可以得到并使用标准。但是标准涉及的专利内容却是垄断性的私有财产，如果标准中涉及专利，就要根据专利持有人对专利的许可情况支付一定费用。一般而言，标准希望更多地被采用；专利则在专利权利人许可之前，任何人都不能使用，即使被许可，使用专利技术通常也是有偿的。

标准涉及的专利技术是指为了达到标准规定性能要求，在实施标准的过程中涉及的专利技术。标准涉及专利的形式主要有两种，一种是直接涉及，就是标准的内容中规定了具体的技术方法，而此技术方法在专利权的保护范围内。另一种是隐性关联，就是标准的内容中并没有涉及专利的内容，但是专利所保护的技术方案是实现标准要求的必要路径。标准的技术要素包含对某种产品功能的规定或者指标要求，而专利技术则是实现该要求的具体技术方案。虽然这类技术要素所记载的内容从字面上看不出与专利权的权利要求相重叠，但是专利技术却是该标准的实现途径和技术支撑。例如：一些标准中仅仅规定了某些具体的技术指标。但是，为了要在具体的生产活动中，达到这样的技术指标，就不可能不用到某个或某些专利技术。

（三）国际标准中的专利政策

为确保全世界范围内技术和系统的兼容性，ISO、IEC 和 ITU 于 2007 年以

ITU-T 的专利政策为基础制订了三个组织共同的专利政策，形成了在专利问题上的一致立场，并发布了共同的专利政策实施指南。

欧洲标准化委员会（CEN）和欧洲电工标准化委员会（CENELEC）在 2008 年，通过 CA 19 决议，采用 ISO/IEC/ITU 三大标准组织制订的共同专利政策。

1. 国际标准中的专利政策的原则

ISO/IEC/ITU 三大标准化组织制订的共同专利政策的原则是：

1）不排斥原则：同意在标准制订中纳入专利，但尽量避免涉及专利。

2）披露原则：参加标准制订工作的各方应尽可能披露任何可能涉及的已知专利或待批专利的申请。

3）许可声明原则：专利持有人向标准化组织做出书面许可声明，同意可以免费使用其专利，或愿意同任何标准使用人在合理且无歧视的条款和条件下就专利授权许可进行谈判。

4）不介入原则：标准化组织不提供有关专利或类似权利的证据、有效性或范围的权威性或综合性的信息。有关专利（专利使用权转让、许可费等）的具体安排留待各方商定。标准化组织对于专利的真实性、有效性和范围无任何立场。

2. 国际标准中专利的编写要求

为了规范国际标准关于专利问题的表述，提请各相关方关注标准涉及的专利，ISO/IEC 对国际标准文本中涉及专利的编写要求①如下。

所有提供征求意见的标准草案封面应包括下列内容：“请草案收件人在提交其评论的同时，提出任何所知相关专利权的公告，并提供证明文件。”

在标准文稿起草阶段尚无专利权被认证，发表此类文稿时，应在前言中包括下列公告：“请注意：本文件的某些内容可能涉及专利权问题。ISO［和/或］IEC 将不承担任何或所有这类专利权的认证。”

在编写阶段已有经认证的专利权时，该文件发表时的介绍中应包括下列注意事项：

① ISO/IEC Directives-Part 1：2009 Procedures for the technical work

国际标准化组织（ISO）［和/或］国际电工委员会（IEC）提请注意：声明符合本文件可能涉及有关专利（…条款…）的（…内容…）的使用。

ISO［和/或］IEC不对该专利权的有关情况、合法性和范围表态。

本专利权持有者向ISO［和/或］IEC确认，他/她愿意根据合理和非歧视条款与全世界的申请者进行特许谈判。在这方面，本专利权持有者的声明已在ISO［和/或］IEC登记备案。有关信息可向下列地点索取：

专利权持有者姓名：

地址：

请注意：本文件的某些内容可能涉及上述那些经认证专利之外的专利权问题。ISO［和/或］IEC将不承担任何或所有这类专利权的认证。

（四）我国国家标准的专利政策

为了妥善处理我国国家标准涉及专利的问题，规范国家标准制订和修订过程对专利的处理，鼓励自主创新，促进国家标准合理采用新技术，保护社会公众和专利权人及相关权利人的利益，保障国家标准的有效实施，2009年11月2日，国家标准化管理委员会发布了《涉及专利的国家标准制修订管理规定（暂行）（征求意见稿）》［以下简称《管理规定（征求意见稿）》］，向社会征求意见。

在《管理规定（征求意见稿）》中，国家标准处理专利的主要内容如下：

1. 专利技术的认定

国家标准中涉及的专利技术应是实施该项标准必需的技术，且不存在拒绝涉及该专利的实质性理由。

2. 专利信息的披露

专业标准化技术委员会或归口单位应将涉及专利的国家标准项目建议书通过公众熟悉的方式进行披露。参与国家标准制订和修订的组织或个人应对其所知悉的相关专利，及时向专业标准化技术委员会或归口单位进行披露，并提供专利信息及相应的证明材料。没有参与标准起草但知悉与国家标准有关的专利信息的组织或个人，在该标准制修订过程中的任何阶段宜及时将有关专利信息书面通知该专业标准化技术委员会或归口单位。

涉及专利的国家标准报批时，专业标准化技术委员会或归口单位应对专利信息表和相应证明材料的真实性进行核实，并将证明其真实性的书面材料与专利情况说明一同报送国家标准化行政主管部门。

参与标准起草的专利权人及其关联公司未按上述要求披露视为免费许可，因故意隐瞒专利信息而给国家标准制订或实施造成损失的，应承担相应的法律责任。

3. 专利权的许可声明

国家标准制订和修订过程中涉及专利时，专业标准化技术委员会或归口单位应及时获得专利权人做出不可撤销的专利实施书面许可声明。该声明应当包含以下内容，专利权人应选择其中一项：

1）专利人同意在合理无歧视基础上，免费许可任何组织和个人实施该国家标准时实施其专利。

2）专利权人同意在合理无歧视基础上，许可任何组织和个人实施该国家标准时实施其专利，但支付的数额应明显低于正常的许可使用费。

3）专利权人不同意按照以上两种方式进行专利许可。

在专利权人选择 3）的情况下，标准中不应包括基于该专利的条款。

涉及专利但未获得专利实施书面许可声明的国家标准草案暂不批准发布。

国家标准发布后，发现标准涉及专利且没有专利实施许可声明，专业标准化技术委员会或归口单位应及时获得专利权人做出的专利实施许可声明，同时报国家标准化行政主管部门。专利权人拒绝做出上述专利实施许可声明，国家标准化行政主管部门应修订该标准。

4. 强制性国家标准涉及专利的特殊要求

强制性国家标准原则上不涉及专利。强制性国家标准如确有必要涉及专利，应由专利权人免费许可或者由国家标准化行政主管部门提请相关部门和专利权人共同协商专利处置。如相关部门和专利权人未能取得一致的专利处置结果，则相应国家标准暂不批准发布或依法给予强制许可。

国家标准化行政主管部门应在涉及专利的强制性国家标准批准发布前对标准全文和已知的专利信息进行公示，公示期为 30 天。任何组织或个人可将其知悉的其他专利信息书面通知国家标准化行政主管部门。

5. 专利信息的编写要求

国家标准文本有关专利信息的编写要求按照 GB/T1《标准化工作导则》的规定执行。

根据国家标准 GB/T 1.1—2009《标准化工作导则　第 1 部分：标准的结构和编写》，国家标准中有关专利信息应按以下要求的编写：

所有征求意见稿和送审稿的封面显著位置应有如下说明：

“在提交反馈意见时，请将您知道的相关专利连同支持性文件一并附上。”

如果标准编制过程中没有识别出标准的内容涉及专利，标准的前言中应有如下内容：

“请注意本文件的某些内容可能涉及专利。本文件的发布机构不承担识别这些专利的责任。”

如果标准编制过程中已经识别出标准的某些内容涉及专利，标准的引言中应有如下内容：

“本文件的发布机构提请注意，声明符合本文件时，可能涉及……［条］……与……［内容］……相关的专利的使用。

本文件的发布机构对于该专利的真实性、有效性和范围无任何立场。

该专利持有人已向本文件的发布机构保证，他愿意同任何申请人在合理且无歧视的条款和条件下，就专利授权许可进行谈判。该专利持有人的声明已在本文件的发布机构备案。相关信息可以通过以下联系方式获得：

专利持有人姓名：

地址：

请注意除上述专利外，本文件的某些内容仍可能涉及专利。本文件的发布机构不承担识别这些专利的责任。”

（五）联盟标准中的专利问题分析

随着经济全球化和科学技术的快速发展，企业的市场竞争日益加剧。在电子、计算机、通信等技术发展迅速、产品更新换代快、市场变化大的领域中，企业迫于强大的竞争压力，纷纷组建联盟，制订企业联盟标准，利用标准推广其技术，拓展市场，提高市场竞争力。企业联盟作为企业组织关系的创新，正在成为现代企业强化竞争优势的重要途径。联盟标准作为企业联盟标准化活动的产物，是企业联盟市场竞争的工具，正在成为高新技术产业中企业标准战略的重要内容。

1. 联盟标准产生的背景

自20世纪80年代以来，由于计算机、互联网、通信等信息技术的迅速发展，信息技术领域产品和技术的生命周期越来越短，技术创新与变化的速度超过了传统标准组织制订标准的速度。在这些技术快速发展的领域中的企业认识到，必须尽快制订新技术的规范以迅速打开市场，因为若通过正式标准制订程序和途径，形成标准的过程和时间都过长。然而，单个企业由于各方面的局限性，无法左右市场，不能独自控制标准，于是，具有共同市场利益的企业相互妥协，结成企业联盟，共同制订联盟标准。

企业联盟是与某项新技术相关的企业或研究机构，在特定时期内，为了促进基于新技术的产品或服务取得商业成功而组成的联盟。企业联盟的目的不是制订正式标准，而是就某项技术标准取得协商一致或促进某项技术标准的应用和推广。联盟中的企业或研究机构在制订标准上相互合作，但在产品市场和研发上又相互竞争，是一种既竞争又合作的竞合关系。

作为正式标准的补充，联盟标准利用其制订速度快、对市场需求响应及时、知识产权政策灵活、标准推广高效等优势，在国家经济和市场体系中发挥着越来越重要的作用。在信息通信等技术发展迅速的领域，企业联盟制订标准的现象越来越普遍，如中关村科技园区的闪联、DVB联盟等，这些以企业为主体结成的联盟正在成为市场上标准制订的重要力量。

2. 企业联盟的标准化

标准化活动是建立规范的活动，规范不仅针对当前存在的问题，而且针对潜在的问题，这是信息时代标准化的一个重大变化和显著特点。

（1）联盟标准的制订过程

企业联盟一般是由多家企业或科研机构组成的、结构松散的、非公司性质的团体。在组织结构上，企业联盟通常有一个由成员代表组成的成员大会（或理事会），是联盟的最高权力机构。联盟内部常常设有技术委员会、知识产权委员会、商业和市场委员会、公共关系委员会和审计委员会等。技术委员会下设若干专题工作组、分技术委员会等，负责联盟标准的起草制订工作。联盟一般设有秘书处（或管理办公室）作为联盟的行政管理机构和协调机构。

企业联盟的主要工作是制订联盟标准。联盟成员提出标准项目建议，经联盟的技术委员会同意后，组建标准工作组，或由现有的标准工作组起草标准。标准草案经技术委员会同意，向联盟成员征求意见。在考虑和处理所有意见后，提交联盟成员投票。若投票通过，经联盟理事会批准，形成联盟标准。有的联盟会将最后形成的联盟标准提交给正式标准组织，通过正式标准的审批程序而成为正式标准。在标准的制订过程中，联盟的知识产权委员会负责处理标准中涉及的专利等知识产权问题。

有些企业联盟依靠专业的标准组织来制订联盟标准。标准组织为其提供专职工作人员和专业支持服务，并收取一定的行政管理服务等费用。企业联盟在基础设施和服务上依靠标准制订组织，但在管理、会费、技术方案等方面具有自治性。

（2）联盟标准的推广

对于企业联盟来说，联盟标准的推广和实施是实现其战略目标的主要手段。

联盟标准上升为正式标准，容易获得生产厂商和消费者的青睐，有利于联盟标准的推广和实施。但是联盟标准推广的成功，并不是指将联盟标准提交权威的标准组织成为正式标准，关键是在行业领域内要有足够多的采用者，从而使联盟标准成为业界事实性标准。因此，成为正式标准只是联盟标准推广的一个重要策略。

企业联盟主要通过广告、宣传、公关及许可和认证活动来推广联盟标准。例如，注册与联盟标准相关的商标和标识、对声明符合联盟标准的产品进行合格评定和产品认证、要求声明符合标准的产品加注标识等。利用标准认证和商标许可既可提高联盟标准品牌的知名度，还可以在推广联盟标准的同时，达到排斥竞争对手、保护知识产权等目的。许多联盟还通过免费的或优惠的知识产权许可策略推广联盟标准，甚至提供免费资源、培训来促进标准的实施应用。

相对于正式标准组织而言，企业联盟的标准化过程是一种简单化的标准制订形式。如果由具有市场支配地位的企业组成联盟，其制订的联盟标准可能会得到广泛使用；反之，如果不能吸引本领域内大多数有影响力的企业参加联盟，则必须花费更多的努力和具备更专业的水平才能促使标准的广泛使用。这类联盟一般采取开放政策，在会员资格、参与成本、标准推广等政策中采取公开、开放的模式，以吸引更多的企业参与联盟的标准化过程。因此，由于所在的技术领域和联盟企业的技术、市场影响力不同，企业联盟的组织结构模式和标准化过程也差别很大。

3. 联盟标准中的知识产权政策

企业联盟与传统的标准组织的最大区别是联盟成员一般是标准中涉及的大部分知识产权的持有者，而标准组织成员则是标准的利益相关方的代表，不一定包括标准中知识产权的持有者。处理标准中的知识产权问题是联盟标准制订和联盟工作的核心。虽然通过知识产权收费可以为联盟中的企业赢得利益，但对知识产权过度保护，不利于标准的推广，标准推广不利，反过来又影响到联盟战略目标的实现。因而，知识产权政策是企业联盟标准化过程中的重要内容和关键因素。

联盟标准中涉及的知识产权主要包括专利权、商标权和版权等，其中最重要的是专利权。标准中专利问题比较复杂，联盟中一般设有专门的或委托专业的知识产权机构来具体管理标准中的知识产权问题。

（1）联盟标准中的专利认定

为了保证标准技术上的完备性，同时避免标准中纳入非必要专利而影响标准的推广，企业联盟一般都设有标准中必要专利的认定和获取程序。必要专利（essential patent）是指为了符合标准的规范性要求而不可避免地被侵权的专利。也就是说，对该专利的侵权行为不可能在实施标准时，通过采用另一种技术上可行的不侵权的实施方式予以避免。

企业联盟一般规定，成员在制订联盟标准时应履行专利披露义务，包括需要披露的范围、对象和时间限制等。成员的披露义务并不仅限于披露自己的专利技术，还包括其所知道的标准提案中涉及的他人的专利。有的联盟还公开征求标准中可能涉及的专利信息。联盟标准中的专利披露政策使联盟有机会选择其他可替代技术，减少标准使用者对于标准中专利的顾虑，避免标准的起草和实施过程中的资源浪费。

为了避免出现成员恶意隐瞒其专利技术的情况，有的企业联盟要求成员签订默认许可协议。如果成员在制订标准过程中没有履行披露义务，那么含有该成员专利的标准正式颁布实施后，该成员应根据其做出的默认许可承诺向标准使用者许可其专利技术。

为了协调联盟内各成员，以及专利许可人和被许可人之间的利益，企业联盟一般采取独立的协调机构对其内部进行专利评估，外部进行专利许可谈判。针对必要专利持有人是否为联盟成员的不同情况，联盟或与必要专利持有人签订固定格式的许可协议，或采取诸如寻找替代方案、放弃标准制订或寻求政府帮助等其他措施。

（2）联盟标准中的专利许可

联盟标准中的专利许可模式一般采用统一许可与单独许可相结合的方式。企业联盟负责统一的对外技术许可，同时，允许专利权人单独进行相关专利的双边许可。

联盟标准中的专利许可方式一般包括：合理非歧视（reasonable and non-discriminatory，RAND）许可、合理非歧视免费（RAND royalty free，RAND RF）许可、专利池（patent pool）许可和事前披露的合理非歧视（ExAnte RAND）许可。有的联盟仅采用其中一种许可方式，有的联盟要求专利持有人在 RAND、RAND RF、专利池等许可方式中选择一种许可方式。

RAND 许可就是专利权人承诺愿意在合理非歧视状况下，对任何标准使用者提供专利技术的许可。RAND 许可可以以支付合理、非歧视的许可费为条件，也可以与被许可方的专利的“交叉许可”为条件，但不会对技术和知识产权的使用附加另外的条件或限制。这也是国际标准组织、区域标准组织和国家标准组织等传统标准组织采取的专利政策。RNAD 许可实现了技术标准化与保护专利权之间的平衡，但存在着原则不具体，商业条款不明确，许可费用不可知，许可方与被许可方的理解不一致等问题。

RAND RF 许可就是要求专利权持有人对其控制的专利的必要权利，要求以合理非歧视的条款做出免费许可。一些联盟为了推广其技术，在联盟标准中常常采取专利 RAND RF 许可模式。

专利池是指专利的集合。两个或两个以上的专利持有者通过协议，将其持有的知识产权（主要是专利权）放入一揽子许可中，所形成的知识产权集合体称为专利池。根据联盟的标准体系，联盟可以同时设立几个“专利池”，不同的专利池，对外采用不同的专利许可策略。专利池许可活动主要包括对标准涉及的专利进行评估、签署专利池协议、对专利许可收益进行分配等，专利池许可的具体内容和程序因联盟的不同而异。专利池的许可模式为用户实施标准提供了一站式的专利许可的解决方案，较好地解决了标准中涉及专利技术的许可和收费问题，降低了许可谈判和累计许可等费用，兼顾了标准的推广使用与专利持有者获得合理回报之间的平衡，推动了新技术的使用和创新。

ExAnte RAND 许可要求在标准制订、颁布之前，必须披露专利技术及专利申请的存在，并且还要披露专利授权的最高价格。由于在准备制订标准时，标准的实现及其产业目标是明确的，因此对专利池定价先行是可能的。ExAnte RAND 原则，一方面保证了在标准制订之前建立透明的技术竞争市场，有利于将合理性价比的技术纳入到标准之中；另一方面，专利技术持有人为了让自己拥有的技术进入标准，会尽量压低专利的价格，从而保证标准实施有一个合理的成本，有利于标准的推广使用，同时还可以减少由于 RAND 原则的模糊性所带来的司法诉讼成本。目前，ExAnte RAND 许可已经通过美国司法部反垄断审查，并作为鼓励竞争的政策方案提倡实施。ExAnte RAND 政策已经被多个标准组织采用或正在考虑采用。例如，中关村科技园区的 AVS 标准联盟，就采用了 ExAnte RAND 许可原则，规定每个实施 AVS 标准的解码器收取 1 元人民币的专利池许可费。

4. 联盟标准的发展

企业联盟标准与传统标准组织制订的正式标准既有相同的方面，也存在着很大的差异。联盟标准与正式标准的特性对比分析详见表 3-1。

表 3-1　联盟标准与正式标准的特性对比分析

项目		正式标准	联盟标准
标准制订组织	组织的性质	公认的、正式的、官方认可的	临时的、非正式的、非官方认可的
	组织的立场	中立，代表着所有标准利益相关方的利益	非中立，代表联盟成员、专利权人的利益
	经费来源	标准的销售、标准版权许可收入和成员的会费等	成员的会费和资助费，以及许可管理费等

续表

项目		正式标准	联盟标准
标准化过程	制订目的	促进贸易与交流及技术的传播，维护公共利益，协调企业利益	推广联盟的技术，维护联盟成员利益
	涉及领域	一个行业或多个行业领域，涉及技术领域的方方面面	涉及领域单一，主要是处于快速发展阶段的技术或产品领域
	使用范围	广泛	特定领域
	参与人员	生产者、使用者、经销者、科研和监督检验机构等标准的利益相关方的代表	联盟成员的代表
	标准制订过程	规范、开放，所有的标准利益相关方均可参与，遵循“公开、透明、协商一致”的标准制订原则	灵活、封闭，只对联盟成员开放
	制订速度	慢	快
	推广机制	弱，由企业自愿实施和应用标准	强，利用合格评定、产品认证、品牌营销、标识管理等手段推动标准的实施
知识产权政策	披露政策	要求事前披露专利	要求事前披露专利
	标准中的专利内容	标准中尽量避免涉及专利，不歧视含有专利的技术方案	标准以专利为基础
	标准中专利的许可模式	RAND、RAND RF；不介入专利许可事务	RAND、RAND RF、专利池、Ex-Ante RAND；统一对外许可与单独许可相结合

在过去20多年中，以信息和通信领域为主的企业联盟得到了迅速地发展。通过对这些企业联盟标准化过程的分析，可以得出如下发展趋势。

联盟标准化过程更加开放。虽然联盟标准的制订程序随着联盟章程的不同而各有不同，但由于扩大市场和降低市场分割成本的需要，企业联盟的标准化过程更加注重开放性和可操作性。

联盟标准日益正规化。随着经济全球化和技术的快速发展，联盟标准在市场中得到了越来越广泛的使用。联盟标准在保持自身优势的基础上，正在吸取传统标准组织的优点，如吸收广泛的相关方、公开地征求意见、民主的决策机制等。特别是联盟加强了与传统标准组织的合作与联系，有些联盟组织自发地采用开放性的标准制订流程，有些联盟将其标准提交给正式标准组织作为正式标准的提案。

随着联盟标准化需求日益受到重视，传统标准组织也在积极采取措施，满足企业联盟标准化的需求。由于联盟标准对经济及市场竞争的影响越来越大，对联盟标准的关注和研究正日益成为政府和学术界的热点。

应对企业联盟标准化的新需求，中关村科技园区应充分利用联盟标准的特点和作用，鼓励和支持企业联盟的发展，积极培育具有自主创新成果的联盟标准。引导园区内企业在自主研发形成创新成果的基础上，利用标准与知识产权的有机结合，组建企业联盟，制订联盟标准，进而通过联盟标准，开拓市场，促进创新成果的产业化和市场化。

第二节 高新技术产业联盟中的标准化问题分析

全球经济一体化进程促使生产要素在世界范围内不断加速流动，经济在国家间高度融合，区域性经济集团不断纵深发展。在此背景下，企业发展呈现不断外部化的特点。产业链的分工推动着企业走向开放与合作，甚至通过“联盟”这种紧密的形式形成和保持竞争优势，从而在区域或产业中形成更有利的影响力量，以争取市场和优势地位。

产业联盟是联盟成员为获得新的技术、标准、规模及市场，在成员间自愿结成的一种合作模式。一般来说，产业联盟是以企业为核心，有大学、科研机构和行业协会等组织参与，以契约关系为纽带，通过资源共享和创新要素的优化组合，围绕关键的产业共性技术进行协同创新的利益共同体。其目的是整合及协调产业资源和社会资源，帮助行业自律，提升联盟成员的研究开发、生产制造水平，促进产业的快速健康发展。

从高新技术产业发展的特点来看，产业联盟的存在对于技术创新和发展具有不可替代的意义。而对于具有产业关联性的地区发展来说，在这一区域中的企业更有意愿和条件根据产业技术的内在关联和专业化分工，组成产业技术联盟，从而形成技术研发合力，规避研发风险、扩大技术影响。产业联盟的标准化水平，已经成为关系科技园区技术发展、产业链融合，乃至提升整体产业竞争力的重大问题。

一、高新技术领域形成产业联盟的必要性

在高新技术领域，市场竞争出现了新的态势——标准竞争。高新技术标准是当今世界标准争夺最为激烈的领域，也是我国最有希望实现跨越发展的领

域。与传统产业的标准化活动相比，高新技术领域的标准制订和实施有很大的不同。

（一）高新技术领域标准的网络效应

一般而言，当一个用户消费一种产品所获得的效用随着该产品及其兼容产品的消费者数量增加而上升时，就认为存在着“网络效应”。这种网络效应分为两种形式，即直接网络效应与间接网络效应。直接网络效应就是消费者需求之间的相互依赖性，使用一种产品的用户可以直接增加其他用户的效用。这种直接网络效应以通信业最为典型，如有线、无线通信，互联网，传真等。间接的网络效应主要产生于基础产品与辅助产品之间技术上的辅助性，这种辅助性导致了产品需求上的相互依赖性。而依赖性使基础产品与辅助产品都无法单独存在，并为消费者或用户带来效用。如 DVD 播放机与 DVD 碟片，如果只有前者而没有后者，用户购买 DVD 播放机对他来说也就无任何价值。在存在间接网络效应的情况下，用户使用一种基础产品的价值取决于该产品的辅助产品的数量和质量，而辅助产品的数量和质量又取决于这种基础产品的销售量；基础产品的销售量越大，则与之配套的辅助产品的需求就越大，这可以诱致很多厂商为其供应辅助产品，从而使与这种基础产品配套供给的辅助产品的种类和数量越多，用户使用该基础产品所获得的价值就越大。

高新技术标准的网络效应也非常明显。标准的使用规模越大，用户越多，所带来的商业机会越大，收益呈现加速增长趋势。标准增进了兼容性和互联性，使与标准兼容的产品网络中的用户无须经过任何格式上的转换就能共享数据和信息，提高了该产品给现有用户所带来的效用。于是更多的消费者会选择使用该产品，这便扩大了该标准的网络效应，并进入一种良性的正反馈循环：标准的用户基数越大，标准的辅助产品开发就会越多；更多辅助产品的用户基数就会增加标准可信度，使其对新用户更具有吸引力，并增加被接受采纳的程度；反过来，标准被更广泛采纳又会促进用户基数的进一步扩大。一旦取得足够的支持，积累足够的用户基数，标准拥有足够的追随者，“花车”效应就会产生，人们争先恐后登上“花车”。正所谓“赢者通吃”，市场就会向该标准倾斜，该标准就成为市场中的事实标准。

（二）高新技术领域标准与创新的关系

标准随着技术的发展而发展，技术的持续创新是标准赖以确立和发展的基础，标准竞争体现了技术创新能力的较量。技术创新是推动标准变革的主要动力之一，客观上要求标准作相应的调整和变化。标准一方面由于技术的陈旧而限制技术创新，另一方面通过技术经验的规范化，形成新技术出现的基础，来推动技术创新。另外，众多的技术竞争通常会带来技术未来的不确定性，从而导致技术在市场上不能迅速的被消费者所接受，而标准的作用很大程度上可以减少消费者的信息不对称性，使得某些被接受的技术能够逐渐占领市场，以此促进基于这些技术的创新和发展。标准也间接地推动技术创新，因为标准增加了全球竞争，而正是全球竞争推动了技术创新的发展。同时，标准能够使得技术产品之间具有更好的兼容性，这也进一步促进了兼容技术的发展。

标准为技术创新提供基础和平台，同时也影响技术创新和扩散的进程。锁定效应下的标准和技术创新之间既存在共生与互利的关系，又存在对立与阻碍的关系。当标准锁定最优技术时，共生与互利关系占主导地位；当标准锁定次优技术时，对立与阻碍关系占主导地位。因此，技术创新与标准之间存在着复杂和动态的关系。

1. 标准为技术创新奠定基础

制订标准的过程是将科学技术的成果和实践中积累的先进经验，经过分析、比较、选择，再加以综合提炼的优化过程，也是一个提高、再创新的过程。标准的实施过程也是个普及化过程，在这个过程中又会有新经验和技术的再创新，随着标准的修订，这些经验和创新成果又被纳入新的标准，这就是知识的再积累。这个标准的“制订—实施—修订”过程，就是经验和技术的“创新—普及—再创新”过程。这样，标准就为技术创新提供了一个知识积累的平台。正因为这样，技术创新才有立足点和坚实的基础，提高了创新的效率。

在技术创新的早期往往会存在多项相互竞争的技术，标准的制订可以解决最初的技术不确定性。首先标准可以缩短设计周期，节省设计成本，如通过提高新产品零部件的标准化和通用化程度，可以减少专用件工艺装备的制造工作量和设计时间；通过工艺和工艺装备标准化，可以缩短试制周期；通过材料标准化，可以压缩材料的品种规格，缩短材料的准备周期。其次，在设计中选用可靠性高的标准化零部件和材料，还可以确保新产品的质量。再次，标准的组合化与模块化形式对于新产品的设计更是具有重要作用。标准化能够形成定型的标准单元和通用单元，乃至具有独立功能的模块单元。通过使用这些组合单元和模块单元，开展组合化设计和模块化设计，能够大大加快产品更新换代、品种开发的速度、提高生产经济性。最后，标准在研发活动中可以成为合作的平台。研发协作可使研发活动更加简单和更具竞争力，发挥合作企业各自的技术优势，而标准既可以成为合作各方共同的基础，也可以成为管理和简化双方研发合作活动的规范。

2. 标准促进创新成果产业化

创新成果的转化是大规模生产、产业化至关重要的一个环节。标准化是成果传播扩散最好的途径之一。因为标准程序的科学性已被广泛认同，成果一旦形成标准就会被潜在的使用者接受，标准化了的产品和技术更能在产品设计时被优先采用，从而被优先采购，直接应用到再生产过程中。标准的制订和推广意味着在不同企业之间建立了一个共同遵守的约定，市场上的企业均以此为基础开展生产活动，这在一定程度上降低了科技研发的风险，减少了市场中的信息不对称现象，缩短了产品生产和市场推广周期。一项科研成果，一旦被纳入相应的标准后就能得到迅速的推广和应用，并产生明显的经济效益和社会效益。正是由于标准化对创新扩散有如此显著的作用，所以现在有越来越多的企业将自己的创新成果一方面申请专利保护，一方面以此为基础开发标准，并竭力将其标准向国家标准甚至国际标准渗透。

（三）高新技术领域的标准化特点

基于网络效应的高新技术标准形成机制与传统产业技术标准形成机制存在着很大的差异。技术更新频率的增快、技术生命周期的缩短是高新技术产业的重要技术特征，由此也造成了技术标准的形成区别于传统产业。例如，传统产业的技术标准一般要等到产品成熟后再形成技术标准的路径在高新技术产业中已经不再适合，而代之以预期标准、事实标准等可以与技术发展速度相匹配，甚至于超越技术产品发展速度的标准形成机制。

从标准形成与产品形成的先后顺序来看，传统产业技术标准的形成机制属于“后追型”，高新技术产业技术标准的形成机制属于“前导型”。在传统大规模工业化生产中，是先有产品后有标准。而在知识经济时代，往往是标准先行，这在高新技术产业领域表现尤为明显。高新技术标准的竞争，已经不仅是该时间点上的竞争，还关系到对未来产品、未来市场和国家经济利益的竞争。高新技术产业下标准的形成，除和技术的先进性有关外，更多的还是取决于该技术有多少人跟随，即技术标准的应用市场容量大小，所以技术优势不一定能转化为竞争优势。在这其中标准发挥出巨大的能量，在现代的竞争中，技术标准正成为产业竞争特别是高新技术产业竞争的制高点。

造成这种差异主要原因是两类产业的技术特征存在着显著的不同，传统产业的技术受到报酬递减规律的作用；而高新技术产业的技术更多的受到报酬递增规律的作用，网络化和系统化使得技术在发展中呈现出显著的网络外部性，因此市场份额、市场容量就成为一项技术生命力的一个重要参数，一旦哪项技术获得了足够的市场份额，形成事实标准，它就能最终占领市场，继而由于高新技术领域中路径依赖、锁定效应的存在，使得该项技术可以持续较长的时间，并从中获取利益。高新技术产业中的标准不仅关乎产品质量，某种程度上说已经成为企业的核心竞争力，掌握了标准，就获得了市场，也就保证了利益的获得。

（四）联盟促进高新技术产业创新与升级

1. 联盟推动高新技术的产业形成

信息化技术的发展推动了经济全球化。企业的经营范围从国内转向国际，经营的规模从一国转向跨国。在技术进步推动经济全球化的进程中，国际企业生产和销售的范围超越了国家的界限，促使了全球经济结构和关联方式的明显转变。在产业层面，高新技术区域产业集群现象在国际及地区范围内成为突出的特点，美国硅谷、日本筑波、中国台湾新竹等是高新技术产业集群的典型代表。

随着产业链越来越长，产业分工越来越细，产业内部的合作越来越紧密。在企业层面，为应对全球化和产业结构的变化，企业在战略上越来越专注于核心竞争力，企业的专业化发展趋势使得企业日益依赖整个产业的发展环境。随着技术进步加速，技术更新周期越来越短，创新投入越来越大、风险日趋加大，企业间技术共享、业务交叉的趋势越发明显，产学研之间的合作日益紧密。技术与资本的融合也推动了产业间的融合。产业联盟是产学研结合的新路径，它可以提高产业竞争水平、促进产业集群形成。通过构筑产业联盟，将某一生产环节或研究环节分解为众多的中间产品（零部件）的制造环节或研究环节，并分别由专业化程度很高的企业进行生产、组装或研究，这种企业之间围绕价值链而形成的高度的专业化分工与协作，横向能够维护良好的竞争生态，纵向能够整合产业资源，完善高新技术的产业链，促进产业整体发展和产业集群形成，从而产生巨大的网络效应和规模经济。

2. 联盟为产业发展提供技术突破的平台

在信息化社会中，新兴产业发展中的共性问题日益突出。这些问题主要集中在共性技术的研发和知识产权的分配上。

从共性技术的研发上来看，高新技术的发展需要以共性技术为基础。如果在同一技术上出现同质化开发或者重复投入，会出现降低资本收益率进而降低竞争力的后果。而以联盟的形式开发技术，可以将共性技术开发的成本大幅降低，从而降低创新不确定性带来的风险。

从知识产权的分配上来看，随着单一产品中涉及的技术越来越细分，其中含有的专利技术或者商业秘密等也会随之增加，涉及复杂的利益关系。而利用联盟的形式合作开发，可以共享专利等形式，解决产业技术中涉及多家企业知识产权的问题，为产业发展的核心技术突破提供机制保证。

二、标准化活动对于产业联盟的重要作用

产业联盟是推动高新技术产业集群发展的一种重要形式，联盟的标准化活动是其技术工作的重要内容。随着经济全球化和科学技术的快速发展，在电子、计算机、通信等技术发展迅速、产品更新换代快、市场变化大的领域中，企业迫于强大的竞争压力，纷纷组建联盟，制订联盟标准或展开标准化合作，提高市场竞争力。

（一）标准化帮助联盟实现技术合作和运用

1. 产业联盟的合作途径

产业联盟的合作主要包括四种途径：一是针对解决共性技术而形成的研发

联盟，合作开发某一项技术，其目标是解决产业共性技术问题；二是针对打造完整产业链而形成的产业链联盟，其目标是获得上下游的产品配套；三是针对扩大市场而形成的市场合作联盟，其目标是通过联合开拓创新产品的用户市场，或是通过联合采购降低创新产品的成本来实现市场效益的提高；四是以建立某项具体产业技术标准而形成的技术标准联盟，其目标是制订具有竞争力的技术标准，促进新技术的应用，推动于整个产业的发展。这些技术标准通常包含有大量创新技术及相关知识产权，关系到产业的健康发展。

2. 标准化促进联盟合作

标准化为产业联盟提供了一个促进联盟合作的技术交流的机制和平台。一方面，标准化作为重要的沟通机制推动了联盟的技术交流，帮助联盟成员的协同研究和共同投入。标准作为技术、管理和质量交流沟通的工具，改善了市场环境，重塑了市场竞争过程，大大地影响了劳动分工和企业组织，加强了产业中各企业的合作。标准化的长期效应在产业创新体系中表现得尤为明显，这些效应包括更低的交易成本、更高的专业化程度、更有效的劳动分工、企业间更高水平的接纳性和关联性，以及更快的技术扩散速度。产业间标准化的水平影响甚至决定了产业合作的水平，对产业集群的技术发展、市场控制能力也有着重大影响。另一方面，标准化过程也是协调产业联盟成员利益分配的过程。标准化过程不仅是一个技术协调和规范的过程，也常常是企业间利益分配互相妥协的过程。产业链上的企业技术水平不可能也不会集中于同一层次上，不同企业采用的技术路径也会存在差异。在联盟的标准化过程中，联盟成员将对技术和管理进行协调、妥协，最终达成一致。技术和管理的选择直接影响着产业价值链上各联盟成员获得利益的比例。

联盟标准可大大提高标准的时效性，提供产业发展所急需的技术标准。高新技术领域的产品和技术的生命周期越来越短，技术创新与变化的速度超过了传统标准组织制订标准的速度，若通过正式标准制订程序和途径，形成标准的过程和时间都过长。而联盟标准制订程序简单，机制灵活，可以快速响应市场需求，及时形成产业所需的标准。联盟中的企业或研究机构在制订标准上相互合作，但在产品市场和研发上又相互竞争，成为一种既竞争又合作的竞合关系。这种开放性的竞合关系，有利于推动产业间的技术创新。

对于产业联盟来说，联盟标准的推广和实施是实现其战略目标的手段。如果联盟标准上升为正式标准，更容易获得生产厂商和消费者的青睐，有利于联盟标准的推广和实施。即使无法将联盟标准提交权威的标准组织使其成为正式标准，只要是在行业领域内有足够多的采用者，从而使联盟标准成为业界事实标准，也可以使产业联盟在技术开发和市场占有方面获取优势。

（二）产业联盟的标准化模式

标准化活动是产业联盟进行技术研发和交流的重要平台。联盟企业可以从参与标准化活动的过程中了解产业发展趋势，协调产业各相关方的利益诉求，预测市场趋势，提高企业和产业的市场竞争力。从联盟成员的技术实力和参与标准化程度来分，产业联盟的标准化模式可分为：共同研发联盟标准、技术融合联盟标准与主导开发联盟标准三种类型。

1. 共同研发联盟标准

共同研发联盟标准是指在联盟中各企业的技术都还不够成熟的情况下，合作开发联盟标准的形式。这类联盟标准主要集中在产业共性技术领域上，联盟企业利用各自的专业和技术优势，通过资源互补进行科技研发和创新，共同制订联盟标准，从而达到缩短研发周期、分担研发成本和风险的目的。利用联盟在销售渠道、品牌、信誉、生产能力等方面的综合优势来保证联盟标准的运行。

一般来说，对于共同研发形成的联盟标准，其收益将按照各企业在合作中所投入的资源进行分配。例如，如果联盟标准中的专利技术以“专利池”的模式进行运作，则联盟中各企业将根据各自专利技术在“专利池”中的作用和对联盟标准实施应用的贡献大小，分配联盟标准的许可收入和标准使用收益所得。

2. 技术融合联盟标准

技术融合联盟标准是指联盟中企业各有一定的技术基础、分别自主开发了技术，在由于技术方案不统一而造成效率低下的情况下，通过技术方案的融合折中、妥协，达成一个通用标准协议的模式。

由于最终达成的联盟标准需要兼顾联盟各方利益，所以这种标准的诞生常是一个艰难的过程，这往往也代表了技术合作各方在技术发展方向上的融合和分配利益上的调整。在此过程中，常常需要基于不同的技术方案，设计出可以连通各技术内容的接口性标准，从而能保证各技术方案在同一个技术语境下应用。

3. 主导开发联盟标准

主导开发联盟标准是指以龙头企业为主导进行技术研发形成标准、多企业协作进行技术标准推广的标准化模式。龙头企业和伙伴企业通过市场协作，借助联盟的市场优势，凭靠较大规模的市场基础和品牌信誉，以期新技术迅速占领市场，或抓住被竞争对手忽视的机会，以扩大市场应用来对抗竞争对手的技术优势，使用户产生使用上的依赖性，直至成为市场上的事实标准。这种方式主要是针对单个的具体标准来进行的。一般是以龙头企业为主导，带领其上下游产业链的合作方共同完成的。

三、产业联盟中的模块化方法

模块化是标准化的一种新形式，对于产业联盟中的标准化活动来说，模块化方法可以提高产业联盟竞争力，是一类值得关注的标准化方法。

（一）模块化方法的发展过程

模块是构成系统的，具有特定功能，可兼容、互换的独立单元，通过不同形式的接口与其他单元组成产品，且可分、可合、可互换。首先，模块是系统的构成要素。模块既可构成系统，又是系统分解的产物。用模块可以组成新系统（系统创新）乃至复杂的大系统。其次，模块具有特定的、相对独立的功能，因而可以单独生产和销售，也可以依据一定规则单独设计、运转、测试。最后，模块的互换性和兼容性是模块化操作或模块运筹组合的条件，它要求模块具有相互连接并传递信息和功能的接口及相应的结构，由此模块便具备了通用性和多种组合的可能性。

针对具体产品的模块化设计开始于20世纪初，1900年德国一家家具公司设计了几种不同尺寸的架体、底座和顶板的构件，用它们可以组成满足不同使用者需要的不同规格尺寸的“理想书架”，这就是现在知道的、最早按照模块化原理设计的产品之一。此后，模块化这种设计思想和理论得到了各行业专家学者进一步的研究，并且在其他行业，特别是机床制造业，得到应用，进而总结出模块化设计这一新的概念和方法。

1920年左右，在欧洲，尤其是德国，模块化原理已开始应用于机械产品的设计中，如弗里茨-韦尔纳（Fritz-Werner）公司设计的铣床，就是把铣床上的一些部件按功能创建成模块而进行设计和制造的，这样就可以很方便的组装出符合客户需求的产品。德国联合车床厂把车床的主轴箱设计成模块化系统，该系统共有63个不同的齿轮，通过选择、搭配可以组合成60种不同的主传动系统，分别用于丝杠车床、光杆车床、六角车床及卧式深孔钻床等。而美国在此期间依据模块化原理制订了以19英寸①为主的机箱面板尺寸标准。

20世纪50年代，欧美专家正式、系统地提出“模块化设计”概念。这种设计方法由此开始逐渐得到重视，随着各行业专家学者的研究，其理论和应用技术取得了很大进展并不断完善，模块化设计也成为各类机械产品研发中普遍采用的一种现代化设计方法。模块化设计首先是针对机床产品设计所提出的，因此模块化机床产品在工业发达国家已经十分普遍，诸如模块化机床、铣床、钻床、镗床和磨床等。

20世纪60年代，出现了模块化的工业汽轮机，模块化集装箱也开始在运输行业中出现。20世纪70年代，模块化产品在建筑机械行业也得到了迅速发展。例如，法国的Potain公司、瑞典的Linden公司，以及德国的Liebherr公司等将模块化设计的方法应用到塔机产品的开发过程中，用有限的模块有机组合成适用于各种具体施工需要的塔机。德国德马格（Demag）公司所设计和制造的单梁吊车改为模块化设计后，其设计费用仅为单台设计时的12%，生产成本也下降到单台设计时的45%，显著提高了经济效益和产品的竞争能力。同时，由于大规模集成电路的发展，电子行业也成为模块化应用成功的领域之一。

20世纪80年代，随着市场竞争的日益激烈，以及产品更新换代的节奏加快，工业发达国家竞相开发模块化系列机电产品，并使其进入了实用化阶段，对模块化设计理论的研究得到了进一步的研究和重视。

当设计、制造或研究、开发复杂系统时，通常处理和思考问题的方法出现了很大的局限性，人们就将产品的系统分割成若干相对独立的部分（图3-1），

---

① 1英寸≈2.54厘米

从而产生了模块化这一使问题易于解决的标准化方案。随着复杂的大系统日渐增多，模块化也就成了人们用来处理复杂问题的常用方法。

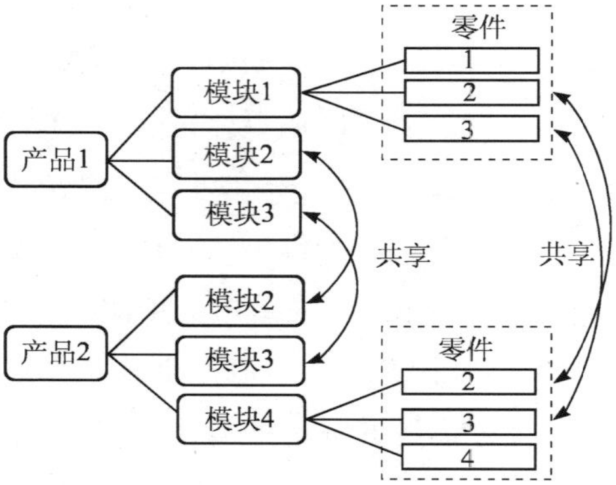

图 3-1　模块化设计示意图

（二）模块化方法对产业联盟的作用

模块化作为标准化的“新方法”，是由于模块化方法不是建立在“零件”的概念上，而是一种趋向于宏观的标准化过程。它综合了以往标准化方法的特点，可用于解决复杂系统类型多样化、功能多变的问题。

在产业联盟中应用模块化方法，一般是将联盟中各企业的产品看成“模块”，通过制订技术标准等方法，在模块间完成“联络的规则”，组成最终产品。模块化方法可以加快研发速度、提高生产效率、增强产品的可靠性、推动联盟标准的实施应用，提升产品价值，从而提高整个产业的发展水平。

1. 加快联盟技术研发速度

传统的整体化生产模式在改变一个布局环节时就会导致全局的变动，而模块化是面向功能的，而不是具体的几何形状、结构和制造过程的标准化方式。在模块化基础上的新产品开发，实际上就是研制新模块，取代产品中功能不足的模块，有利于缩短周期、降低开发成本，以及提供更多的创新空间。模块化产品的派生和更新换代，可以通过更换或增减模块的方式实现，从而实现“以少变求多变”。当过时的产品被淘汰之后，其中部分模块单元还可以被继续使用，从而在很大程度上提高了模块的重复利用率。在动态多变的市场中，联盟中的企业不需要“牵一发而动全身”，不需要直接面对最终产品的功能变化，而是基于企业承担的个别模块，以市场需求为核心，利用新技术设计不断完善自身技术，通过组合不同模块形成具有新功能的最终产品。

2. 提高联盟生产效率

模块化方法关注模块之间接口的标准化和匹配程度，而不涉及各模块内部的细节，因而能提高系列产品的通用化程度。根据市场对联盟产品提出的新功能需求，可采用模块化方法，在现有模块的基础上，开发或改进少量模块功能，便可组成符合客户需求的产品。

在满足客户个性化需求的同时，模块化设计技术可以有效地统一、简化和规范零部件的类型和规格。这样，联盟中的“共性技术”在模块化的过程中得到不断巩固，各成员企业的工艺流程和工艺装备可以相对固定，避免了重新设计和制造的冗余工作量。同时，产品的生产准备时间和供货周期也会相应减少，从而降低整个联盟产品的生产成本，提高生产效率。

3. 提高联盟产品的可靠性

产业联盟成员企业各自负责联盟产品的不同模块的设计和生产，这种专业化和标准化的生产有利于总结经验、优化设计和提高质量。产品可靠性与产品的设计、制造、装配及环境因素等密切相关，由于模块的可靠性评价和检测已经分散到各个企业，因此采用模块化方法会使最终产品可靠性更加有保证。

由于模块化产品是由具有相对独立功能的模块组成，模块的互换性很强，便于拆卸、维修和搬运。在产品运行出问题的时候可以很容易找到有故障的模块，从而显著提高故障诊断时间。以模块为单位进行维修，可大大改善维修条件，简化维修工作，加快维修速度，提高维修质量，并且降低对维修人员经验和技术水平的要求。

通过模块化的设计和组织生产，可提高联盟最终产品的可靠性，降低产品质量的波动性，从而提高产业联盟的市场竞争力。

（三）产业联盟中的模块化模式

模块化的产品设计需要组织设计的模块化。模块化的产业设计是不同企业间的协作行为，可以把模块化的组织模式理解为企业之间组织关系的重构。模块化作为一种标准化方法，不同结构的联盟中的模块化模式也不尽相同。

1. 龙头企业主导的联盟中的模块化模式

以龙头企业为主导的联盟多是龙头企业为追求产业链完整而发起的。在这种联盟中，有许多中小企业为龙头企业服务，他们与龙头企业之间可能是“寄生”的关系，也可能是“共生”的模式。龙头企业在集群网络中发挥着领导作用，体现出很强的网络组织控制力。龙头企业充当着模块设计师的角色，负责识别市场机会，按产品流程将整个价值链进行分解，并运用模块化思想，根据各价值链节点的不同，将产品进行模块化分解。联盟中的其他成员企业发挥着模块制造商的作用。龙头企业负责确定系统的设计规则，确定各模块之间的结构、界面和相关的技术标准，联盟中的其他企业在此规则的指导下独立地开展各自负责模块的设计制造活动。

随着联盟中非龙头企业自身技术、能力的提升，其在产业链中的作用会越来越大，对集群网络的贡献也越来越大。为了获得更多的外包业务，这些非龙头企业必须不断改善模块的质量、缩短设计和制造的周期、降低成本等，以提高竞争力。联盟中龙头企业应对市场竞争压力，也必须不断提高联盟产品质量，改进模块化设计规则，提高模块整合后的终端产品的竞争力，以促进产业联盟的发展。

2. 以中小企业为主体的联盟的模块化模式

以中小企业为主体的产业联盟常集聚于某一特定的地理空间，共同从事类似产品或服务的设计、制造和整合。联盟的中小企业合作进行技术研究、寻找市场、共同制订联盟标准。

不同于龙头企业确定系统的设计规则，在以中小企业为主体的产业联盟中，没有哪个成员在集群网络中处于控制和支配的角色，系统的设计规则是由各企业或企业的联合体通过市场选择或共同协商来决定的，系统设计规则的确立是一个不断演化完善的过程。在各企业独立开展产品模块设计制造活动之前，联盟中系统的设计规则并没有被完全确定下来。各企业依据的系统设计规则不一定是相同的，可能存在着一定程度的差异。经过不断地磨合、协商，联盟企业逐渐缩小对系统规则认识上的差异。此外，市场也会对产品模块化设计和联盟标准优胜劣汰，促使联盟企业遵循共同的模块化设计规则和技术标准，从而推动产业技术和工艺的发展。

第三节　标准化战略重点领域选择分析

中关村科技园区作为一个区域性的国家级高新技术产业开发区，其主导产业都处在一个高度竞争的市场环境中，明确其标准化战略中的未来重点领域，既要充分尊重市场经济和竞争本身的规则，同时又要体现中关村科技园区作为政府产业促进部门的导向作用。

一、重点领域选择的指导思想与原则

基于中关村科技园区标准化战略制订的需求特点，对重点领域选择的一个基本前提，是立足产业看标准，需要重点考虑以下两个方面的问题。

一是要有层次、分领域。国家和区域的要求存在差异，其对未来高新技术产业标准战略的布局重点也有所不同，各有侧重。另外，不同产业领域的发展趋势和标准化活动的特点差别很大，需要在基于各自行业的需求特点上明确重点领域和发展方向。

二是要供需结合，注重解决两方面的矛盾。其一，从标准化链条的角度看，在技术研发（标准创制前）、标准创制、产业化推广（标准创制后）三个不同阶段，要求前后环节能够相配，分阶段综合部署；其二，基于企业在参与技术标准创制中既有行业公共利益，同时又可能掺杂着企业私有利益的状况来看，还应从产业关系-生态体系的角度，着重考虑从技术研发-标准创制-产业化，到推广应用-其他社会配套体系等五个方面的主体关系，涉及标准化体系建设、标准化科研基础能力建设、标准化的示范和推广应用等不同主体和作用层面的问题，因此还要进一步，明确与企业不同的政府主体促进措施的重点领域和方向。

另外，从日本、德国等发达国家的产业标准战略和推进措施来看，一个值得借鉴的经验是，充分吸取产业创新体系中各个相关主体的意见，高度重视并组织官产学研相关领域的高层人员参与，协同制订并实施具体产业领域的标准战略。

由此，在中关村科技园区标准战略重点领域选择的过程中，指导思想与原则集中体现在以下两个方面：

一是注重技术、产业、标准三个维度的综合交叉。在综合分析各个产业所在技术领域的发展趋势，中关村科技园区当前的产业基础和区域优势，以及园区内相关企业和研发机构在各个产业领域的标准化发展现状和优势的基础上，集成来自科技领域、产业领域、行业领域，以及政府相关管理部门的专家和指导意见。

二是以战略性（国家利益）、基础性（产业基础）、区域性（区域优势）作为选择六个主导产业重点领域的三个原则。在战略性上，注重国家利益与区域经济发展需要的结合，强化与国家重大战略性项目的对接与落地；在基础性上，强调对现有主导产业中，产业基础规模大、带动作用明显、较易形成标准的重点领域的选择；在区域性上，考虑拾遗补缺，以标准促进具有一定区域特色和优势的新兴的产业技术领域的发展。

二、选择路径与方法

在具体研究过程中，明确与中关村科技园区标准战略有关的重点产业技术领域，首先需要明确什么是具有战略意义的产业标准，研究清楚如何对其界定和选择的问题。鉴于当前相关理论研究基础的欠缺，在广泛参考国内外研究报告和标准战略规划的基础上，本书初步总结分析了具有战略意义的产业标准识别问题，归纳整理了一些具有战略意义的标准可能具备的特征。通过对国内外相关研究文献的分析，一方面在整理若干种不同维度的标准划分的基础上，结合本研究的目的，选择其中的两种作为本研究应用的标准划分尺度；另一方面，通过整理标准与产业发展的关系的研究结论——包括标准对产业发展的影响，以及产业发展对标准的需求两方面的研究，得到对标准有迫切需求的产业具有的特征，由此提出作为具有战略意义的标准识别的产业特征。

（一）重点技术领域的选择

准确把握世界科学技术发展趋势，在国家层面，从本国的能力和实力出发，确定技术发展方向，选择优先发展重点，发展高新技术、实现产业化已经成为增强国家综合国力和国际竞争力的根本举措；在区域层面，为了充分符合中关村科技园区产业发展对未来标准化重点领域和方向的需求，考虑以园区现有的四大特色主导产业（电子信息、生物医药、新能源与环保、新材料）为基础，同时结合北京市发展先进制造业和现代服务业的要求，同时也要体现一定的前瞻性，结合世界前沿技术的发展，明确选择以下六个标准化重点产业技术领域。

（1）电子信息领域

电子信息产业占据了中关村科技园区产业发展的半壁江山，既是高科技产业中的重点行业，同时也是技术标准的关键领域。

（2）新能源与节能环保领域

新能源与节能环保产业是国家投资的重点，近年来在中关村科技园区持续高速发展，已跃升为园区第二大支柱产业。新能源产业和技术在新世纪有巨大发展前景，在中关村科技园区的产业布局中具有重要地位。

（3）新材料领域

新材料产业是构成当今世界高新技术产业的重要支柱，其复合化、智能化的发展态势，将带动信息技术、生物技术等产业在全球实现革命性的进展，同时也将给全球制造业、服务业，以及人类的生活带来巨大而深远的影响。北京具有发展新材料技术及其产业的科教优势，但近年来在中关村科技园区的发展速度有所下降。

（4）生物工程及新医药技术领域

生物技术产业的发展，即将进入重要的“接近整体赢利”的转折点。中关村科技园区聚集了众多的全国一流生物技术科研院所和大学，技术创新的优势在全国高新区中比较明显。同时，生物工程及新医药技术也是北京重点培育的产业，近年来产值增长较快，虽然目前占园区总产值的比重仍然不够高，但也明确列入中关村科技园区产业发展的未来重点领域之一。

（5）先进制造领域

受首都产业结构调整和国家产业布局的影响，先进制造业占中关村科技园区总产值的比重正在逐渐下降。但自动化和集成度较高、重大成套装备制造技术等技术含量较高的先进制造技术仍然在北京有较大发展空间。

（6）现代服务业领域

将尚未在园区形成较大产值规模，但符合首都高新技术产业发展和产业结构调整方向的其他产业技术包括在内，比如航空航天技术、海洋技术、公共安全技术，以及与促进现代服务业发展有关的产业技术等，其中重点是现代服务业。

（二）领域选择的技术路线

对于具体的分析方法设计，主要分为四个阶段：

1）理论基础工作。

2）发展趋势分析。

3）领域专家预见。

4）政府部门决策，并最终形成备选重点产业技术领域清单。

技术路线如图 3-2 所示。

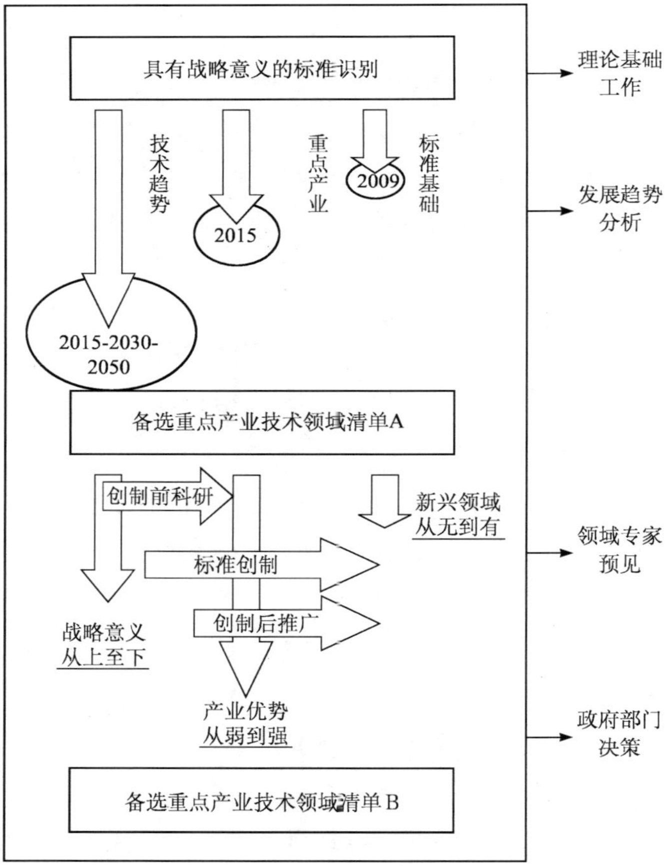

图 3-2　重点领域选择的技术路线图

三、具有战略意义的标准的识别研究

（一）不同功能的标准的经济效益分析

为解决重点产业（部门）标准产生的预见问题，本书在综述各种不同维度的标准分类基础上，采用对标准的功能和形成时间的划分维度，结合标准与产业（部门）发展关系的相关研究结论，提炼出标准薄弱的产业（部门）具有的特点，以及战略性标准产生的产业（部门）具有的特点。

对于标准的分类有许多种方式，如可以按照标准适用的范围和等级、发布标准的组织、标准的功能、标准的形成方式、标准的形成时间、标准的开放程度等进行划分。

日本学者按照标准化组织的区别，将标准化分为官方标准、论坛标准、推荐标准、事实标准四种，各自具有不同的特征。官方标准由官方标准化组织制订，具有开放性、透明性、一致性特征；论坛标准的特征是在企业协作下、经过具有开放性、透明性的机制制订出来的；推荐标准是在同一领域的多数组织之间产生的标准；事实标准则是根据市场竞争产生的产品及由该产品本身形成的标准。

此外，还可以将标准按照形成的时间分为事前标准和事后标准两类。后者是由市场迎来成熟期后所制订的技术领域的标准，占官方标准的绝大半部分(90%以上)，在实际市场上流通的产品大都超过了该标准的规格水平；前者是指该标准产生于先进技术领域，也是在市场成熟前制订的标准，该标准与知识产权等有着不可分割的关系。一个标准往往具有制约整个国际市场的能力，大部分的事前标准基本上由事实标准组织等民间组织制订。

如果从标准的功能划分，德国学者按照标准所产生的作用，将标准分为：兼容性与接口标准、最小质量和安全标准、品种简化标准、信息和测试标准四类，每种标准的作用各不相同。兼容性与接口标准的纵向兼容主要源于交通运输业、邮电产业（部门）对全程全网联合作业和互联互通的要求；横向兼容源于交通运输业、邮电产业（部门）很强的网络外部性和用户锁定效应。品种简化标准履行两种不同的功能，一是通过减少产品甚至技术的种类而形成规模经济；二是可以降低供应商所面临的风险，帮助形成聚焦点，从而帮助市场起飞，另外这种标准又可能抑制创新。品种简化标准最典型的功能就是形成规模经济，但生产量的增加往往会提高技术流程的资本密集度。信息和测试标准的作用是促进交易，以及降低交易成本，但有可能形成管制俘获。同样能够形成管制俘获的还有最低限度质量和安全标准。各个不同功能的标准的经济效益如表 3-2 所示。

表 3-2　不同功能的标准的经济效益比较

标准类型	积极作用	消极作用
兼容性/接口标准	网络外部性 避免锁定 增加系统产品的多样性	垄断
最小质量/安全标准	矫正劣币效应 降低交易成本 矫正负的外部性	管制俘获 增加竞争对手的成本
品种简化标准	规模经济 聚焦	减少选择余地 市场集中
信息和测试标准	促进贸易 降低交易成本	管制俘获

（二）标准化战略重点产业（部门）特点分析

1. 标准工作薄弱的产业（部门）分析

文献研究表明，研发活动越密集的产业（部门），标准的年产量越高；越是拥有大量专利的产业（部门），标准化活动越少；市场集中度高的产业（部门），大企业对标准化的需求及标准化的影响也高。此外，在资本密集型的产业（部门），兼容性标准具有特别重要的作用，尤其对于生产过程而言。品种简化标准履行了两种不同的功能：一是通过较少产品甚至几种技术形成规模经济；二是可以调整未来的开发路径，也是新市场开发和成长的工具，这种标准有助于在产业（部门）内形成聚焦点，帮助市场起飞。由此，市场聚集度低的产业（部门），由于市场失灵，需要相关机构（政府、行业协会、标准联盟等）来支持标准的制订。在资本密集的产业（部门），如其在兼容性标准方面较弱，需要相关机构（政府、行业协会、标准联盟等）来促进标准的制订。新兴市场应更多地形成品种简化标准，从而帮助市场起飞。

2. 可能产生战略性标准的产业（部门）分析

大量的文献研究表明，研发活动频繁，且专利拥有数量不多的产业（部门）

标准化活动更普遍，标准化活动的影响更深入；市场聚集度较高的产业（部门），标准化活动广泛、深入，容易产生大量标准，易产生具有战略意义的标准；资本密集型产业（部门）产生具有重大战略意义的标准的可能性更高；可能产生战略性重大标准的产业（部门）应该具有较多国际化程度较高的企业，参与国际标准的制订意在获取信息、争取主动权甚至获得垄断优势；而在利益链条长的产业（部门）中，标准的作用举足轻重。

标准化战略重点产业（部门）的特征综述如表 3-3 所示。

表 3-3　标准化战略重点产业（部门）的特征综述

标准工作薄弱的产业（部门）具有的特征	
1)	市场聚集度低的产业（部门），由于市场失灵，需要相关机构（政府、行业协会、标准联盟等）来支持标准的制订
2)	在资本密集的产业（部门），如其在兼容性标准方面较弱，需要相关机构（政府、行业协会、标准联盟等）来促进标准的制订
3)	新兴市场应更多地形成品种简化标准，从而帮助市场起飞
可能产生战略性标准的产业（部门）具有的特征	
1)	研发活动频繁，且专利拥有数量不多的产业（部门）标准化活动更普遍，标准化活动的影响更深入
2)	市场聚集度较高的产业（部门），标准化活动广泛，深入，容易产生大量标准，易产生具有战略意义的标准
3)	资本密集型产业（部门）产生具有重大战略意义的标准的可能性更高
4)	可能产生战略性重大标准的产业（部门）应该具有较多国际化程度较高的企业，参与国际标准的制订意在获取信息、争取主动权甚至获得垄断优势
5)	在利益链条长的产业（部门）中标准的作用举足轻重

根据已有的研究，总结“事前标准”应具有以下几点特征：一是所在领域技术多样性发展到相当阶段，需要技术范式、技术轨道及技术标准对其进行约束；二是该技术标准的直接网络效应强；三是该技术标准的间接网络效应强；四是采用该技术标准后造成的切换成本很高（锁定效应显著）。具体而言，战略性技术标准具有的特征及其衡量方法如表 3-4 所示。

表 3-4　战略性技术标准具有的特征及其衡量方法

特征	具体衡量方法
恰当地约束技术的多样性	技术范式出现 产业（部门）处于高速上升阶段
直接网络效应强	网络安装基础

续表

特征	具体衡量方法
间接网络效应强	供应商数量关系 用户数量关系
切换成本高	网络终端寿命、价格 同业竞争标准数量

借助上述产业标准领域的经济学判断，在对中关村科技园区各个产业领域的技术维、产业维、标准维的综合分析和预见上，可形成明确的园区产业标准战略重点发展领域。

第四章　中关村科技园区标准化发展战略选择

第一节　基于 SWOT 的中关村科技园区标准化发展分析

一、SWOT 分析概述

SWOT 模型是由优势（strengths）、劣势（weaknesses）、机会（opportunities）、威胁（threats）四个英文单词的首位字母组合而成的一个矩阵式的战略分析模型，是对组织所面临的内外环境进行战略分析的主要工具，主要用于评估组织的战略、自身内部能力（即优/劣势）和外部可能性（即环境所提供的机会或潜藏的威胁）之间是否相匹配，从控制或减弱不利因素影响，发挥自身优势出发，把各种因素相互匹配起来加以分析，从中得出一系列结论。

SWOT 分析的主要方法是在弄清楚研究对象内部的优势、劣势和外部的机会与威胁后，对选定的关键影响因素进行深入分析，主要应用于组织制订发展战略。由于 SWOT 模型的思路清晰，涵盖了对内外两个层面的战略要素的分析，分析清晰、直观、受限制少、使用简单，为研究者或管理者提供一个相对自由的思考空间，能抓住战略分析的关键，得出一些有说服力的结论或建议，因此，成为组织制订战略的主流分析方法之一，受到管理者、研究者的青睐。自从安德鲁斯 20 世纪 70 年代开发了这个战略分析模型以来，SWOT 模型无论在理论界还是在企业界都备受推崇，它被广泛应用于组织的战略分析之中，甚至被其他学科学者扩展应用到其他一些相关领域，成为一个广为人知，也是最常用的态势分析工具，它几乎已成为组织进行战略规划的必用利器，其影响十分广泛深远。

二、中关村科技园区标准化发展的优势

中关村科技园区是在迎接世界新技术革命浪潮的挑战，各国不断加强高新技术产业发展，国内深化发展高科技的大背景下诞生的。它的建立和发展顺应了国际竞争和新技术产业发展的潮流，是中国改革开放的产物。

经过20多年的发展探索，园区已从最初的“电子一条街”发展到了世界一流科技园；从以招商引资、土地出让、“贸工技”为主的外延式发展阶段，逐步过渡到了以企业为主体、市场为导向、政产学研相结合、机制创新为根本的内生式发展阶段；走出了一条以开放式自主创新为核心的高新技术产业发展道路，初步形成了国内领先、机制较完善的开放型区域创新系统。这些也成了中关村科技园区开展标准化工作的优势，具体表现为以下几方面。

（一）中关村科技园区拥有国家顶级的知识创新系统

知识创新系统为标准适应市场需求变化提供了理论和技术支撑。中关村园区拥有国家顶级的知识创新系统，以及全国最密集、最顶尖的科研资源，包括以北大、清华为代表的著名大学68所；以中国科学院为代表的科研机构270家；跨国公司设立的研发中心65个；国家重点实验室51个（占全国总数的28%）；国家工程研究中心22个（占全国总数的22%）；国家工程技术研究中心20个（占全国总数的20%）。另外，中关村科技园区还拥有国内领先的创新基础设施，建成了9家国家级大学科技园、8个开放实验室和国家工程技术创新基地，拥有政策、法律法规、媒体宣传等首都政治资源。这些都为产生具有市场竞争力的标准提供了坚实的知识基础。

（二）中关村科技园区是科技人才的集聚地

科技人才是标准化工作的基础和保障，是研制和推广标准的中坚力量。中关村科技园区拥有全国最丰富、学历层次最高的人才资源。园区是科技人才的

集聚地，大量高素质人才在此聚集。截至2007年年底，园区企业从业人员达89.9万人，其中博士1.1万人，硕士7.4万人，大学本科32.1万人，大专16.5万人。其中，园区企业中大学本科以上学历人员达40.6万人，占从业人员总数的45.1%。另外，留学归国人员到中关村科技园区创业也已形成高潮，成为园区自主创新和发展高新技术产业的新生力量。

研发人员占企业从业人员比例是衡量高科技企业技术密集程度的重要指标之一。在中关村科技园区，中小企业研发人员占企业从业人员的比例较高，截至2007年企业研究开发人员总数达17.9万人，占全部从业人员总数的20%。

（三）中关村科技园区是技术创新的聚集区

技术创新是提高标准水平的源泉。中关村科技园区是中国目前创新企业数量最多、最为密集的地区。2007年，园区内企业数量达21 000多家，大部分为高科技企业，每年新认定的创新型企业超过4000家。2007年，园区企业申请专利共计6967件，同比增长25.1%，占北京市申请量的21.9%，其中发明专利4962件，占园区申请量的71.2%，实用新型专利1465件，占21%；园区企业共获得专利授权3046件，同比增长50.6%，占北京市授权量的20.4%，其中发明专利1093件，占园区授权量的35.9%，实用新型专利1522件，占50%。

中关村科技园区形成了一批具有国际先进水平的技术、产业和企业。园区承接的国家“863项目”占全国的25%，“973项目”占全国的36%。高新技术企业获得国家科技进步一等奖已达到9项。在软件、集成电路、数字音视频、疫苗、新材料、环保和新能源等国家重点领域的技术和产品处于领先地位，一些企业凭借核心专利参与创制国家和国际标准。以联想集团实施跨国并购和一批企业到海外上市为标志，园区高科技企业的国际化初见端倪。

中关村科技园区创新产品数量居全国之首，科技部发布的国家自主创新产品认定试点结果显示，在243项被认定为首批国家自主创新产品中，中关村科技园区共有51项产品入选，位居全国第一，约占全国产品数量的21%。

园区企业的技术辐射能力强。每年输出到北京以外地区的技术合同占合同总数的一半左右。特别是园区企业研发的信息技术在全国国民经济和社会发展过程中发挥了重要作用。通过园区企业的技术转移、技术服务、打造产业链和股权投资等方式，扩大了中关村科技园区技术辐射力和影响力。

（四）中关村科技园区具有坚实的标准化工作基础

经过20年的发展，园区标准化工作在北京市委市政府、国家标准化管理委员会、各区县质量技术监督局、各园管委会的大力支持下，取得了显著成绩。特别是2006年10月，国家标准化管理委员会批准在园区建立国家高新技术产业标准化示范区，使中关村科技园区的标准化工作进一步得到了飞速发展。

第一，成立了中关村标准化示范区服务中心，推进园区标准化工作快速迈进。2007年为推进中关村科技园区高新技术标准化示范区试点工作，经北京市质量技术监督局（北京市质监局）、中关村科技园区管理委员会（中关村管委会）共同研究，联合成立了中关村标准化示范区服务中心，推进园区标准化工作，培育园区标准化氛围。

第二，搭建标准化信息服务平台，为中关村科技园区企业获取标准化资讯提供有效途径。中关村高新技术标准化示范区网站成为园区企业获取政策资讯、园区标准化工作动态、国内外标准信息的重要途径。

第三，不断完善标准化扶持政策，为园区企业参与标准化活动提供奖励资金。北京市质监局和中关村管委会不断完善园区标准化扶持政策，激发了企业开展标准创新的积极性。先后出台的《北京市技术标准制（修）订资金补助管理办法》、《中关村科技园区技术标准资助资金管理办法》等，有力促进了企事业、科研院所、大专院校等单位制订相关领域重要国际标准、国家标准、行业标准和地方标准研究制订的积极性。

到目前为止，中关村科技园区企业参与了大量国际标准、国家标准和行业标准的制（修）订工作，承担了各级标准化技术委员会和分技术委员会的秘书处工作，数量居全国高新技术产业标准化示范区之首。与此同时，中关村科技园区企业的标准化意愿和重视程度日益提高，综合利用标准与知识产权有机结合的能力逐渐加强，各产业领域的标准化工作各具特色，为园区标准化工作的深入开展，奠定了坚实的基础。

三、中关村科技园区标准化发展的劣势

中关村科技园区标准化工作虽然取得了瞩目的成绩，但是，面对国际、国

内经济和社会发展的新需求，园区的标准化工作在标准管理体制、标准化人才培养、标准研发投入，以及标准产业化等方面也存在着诸多不足。

（一）推进园区标准化工作的组织机构有待进一步强化

园区作为国家高新技术产业标准化示范区，标准化工作一直以来受到中关村管委会以及北京市、国家相关部委的高度重视。目前，北京市质监局和中关村管委会联合成立了中关村科技园区国家高新技术产业标准化示范区建设协调工作小组和中关村标准化示范区服务中心，负责落实协调工作小组议定的重大事项，为企业提供政策咨询、标准创制和产业化等方面的服务，并建立了与各区县质量技术监督局、各园区管委会的日常工作联络机制。但是，相对于园区高速发展的态势和不断扩大的规模，标准涉及产业领域众多、标准化活动涉及部门众多、高新技术领域标准化模式新等特点，工作小组和服务中心只是临时性机构，不具有行政地位，在组织和统筹安排园区标准化工作方面存在着诸多局限，在推动园区企业技术成果产业化方面显得过于薄弱，影响着园区科研、标准与产业化的协调发展。而且由于分头管理，各园区对标准化工作的重视程度和支持力度不一，导致各园区标准化发展不平衡。

（二）标准化专业人才储备不足

虽然园区是高、精、尖科技人才的集聚地，随着标准在市场竞争中的作用日益重要，对具有相当标准化知识和理论水平、专业技术知识，具备相当的管理和外语水平的复合型标准化人才需求迅速增加，但是真正既懂专业技术知识、会外语、又具有标准化经验的高级标准化人才储备显得尤为不足。由于研制标准是一项技术性与专业性非常强的工作，需要一大批复合型的标准化人才，而目前从事标准化工作的人员知识结构比较单一，有现场经验、又有标准化专长、又会外语、能够在国际标准化舞台上有所作为的人才相当缺乏。

（三）标准研发与推广资助机制不健全

标准研制和推广需要经费支持，尤其是高新技术领域的标准。对于我国企业自主创新的技术标准，从技术研发、标准研制到标准推广需要大量的经费支撑。在我国，对新技术的研发给予巨大资金支持的主体主要是政府，因此，由财政拨款的科研项目是目前我国技术创新、标准研发与推广的主力。国家对标准化的投入虽然有较大地增长，但是还远不能适应标准化发展新形势的要求，还未形成政府、社会、企业等多方主体投入的持续的标准研制和推广经费支撑机制。

目前，北京市质监局和中关村管委会为企业提供的标准补助经费只限于为已经立项标准项目的制订予以补助，而标准前期研究、标准的实施和产业化、企业参与国际标准化活动等都需要政府资金予以扶持和引导，尤其是一些涉及人民财产安全、健康安全、涉及国家重大利益的项目。但是，目前没有这些工作的经费预算。

另外，园区企业标准化的投入更加不平衡，有些企业还仅仅满足在采标层面，基本上没有标准研制方面的经费投入。大多数企业也没有根据自己的产品战略，形成差异化的产品特色，从而形成具有自己特色的企业标准体系，导致企业核心竞争力差。

（四）科研、标准、产业同步发展机制有待进一步完善

园区企业的自主创新成果众多，但创新成果通过标准转化为生产力的机制还有待完善。园区的科研机构、大学、企业的资源配置和利用有待进一步提高，仍然存在着技术与产业发展、科技与企业脱节的现象。中关村科技园区的很多科研机构，过于重视论文的学术价值，较少考虑标准研制及其成果的应用，有些科研成果仅仅停留在通过鉴定，获得专利阶段，与市场需求脱节。对企业而言，虽然部分企业研发能力不断增强并组建了自己的研发中心，形成了市场中新兴的科技创新体系，但是由于企业不熟悉我国标准化体制和程序，很难参与国家层面的标准化工作。因此，很多技术成果中需要形成标准的内容未能进入标准化程序，技术创新成果不能通过标准化的渠道快速形成行业标准或国家标准，从而导致中关村科技园区关键领域拥有自主知识产权的技术标准还较少，高新技术产业标准化工作对于其他产业标准化工作的辐射、带动作用不强。

（五）产业联盟中标准作用有待进一步加强

在技术创新、自主知识产权越来越多的情况下，标准中涉及知识产权的问题越来越普遍。联盟标准可以较好地解决企业间专利和标准相冲突的困境，由于联盟共同的利益，较容易形成联盟标准；通过设立联盟标准的专利池，打包

许可标准中涉及的专利，降低了专利许可费用和时间成本，促进了联盟标准的实施和推广。

园区产业技术联盟有制订行业技术标准、拓展产业市场空间、服务专项任务、促进产业良性发展、参与国际合作竞争等不同目标，许多联盟处理不好各种目标之间的主次关系，致使目标混杂，效率参差不齐。

另外，园区产业技术联盟形态丰富多样，经常使其与行业协会、网络组织、企业联盟等组织形态相混淆。而实际上园区的许多产业技术联盟以企业自主发起的松散组织形态存在，未获得政府给予的正式、合法的地位，导致许多联盟标准在推广和实施上存在较大的困难和阻力。

四、中关村科技园区标准化发展的机遇

中关村科技园区企业参与制订国家标准、国际标准，以及所制订标准获得国家标准创新贡献奖的数量在全国首屈一指。一批重要技术标准的产业化取得实质性重大进展，有力支持了北京市乃至全国的高新技术产业标准化的发展，也为北京的企业赢得了市场发展的机遇。

在确立了建设世界城市的战略目标后，北京市进入了全面建设现代化国际大都市的新阶段。经济转型、产业结构调整、产业技术水平自主创新能力的提高等方面的需求，对标准化工作的引领支撑作用提出了新的要求，这也为中关村科技园区标准化的发展提供了前所未有的机遇。

（一）建设国家自主创新示范区，为园区标准化发展提供重要契机

2009年3月13日，国务院批复建设中关村国家自主创新示范区，要求把中关村科技园区建设成为具有全球影响力的科技创新中心。在中关村自主创新示范区建设过程中，自主创新能力的提高、战略性新兴产业的发展，以及中关村科技园区的示范引领和辐射带动作用的发挥都对标准化工作提出了新的战略需求。在《建设中关村国家自主创新示范区行动计划（2010—2012年）》中明确提出开展园区标准创新试点工作，为园区标准化发展提供重要契机。结合高新技术领域标准化特点及园区自身发展需求，实现标准化政策扶持、标准研制、标准化人才培养、标准化服务支撑体系建设的理论和方法的突破，特别是探索高新技术产业标准化工作模式与机制创新，发挥标准在促进科技创新与推动科技成果产

业化之间的桥梁作用，增强标准引领产业发展的作用成为中关村科技园区标准化工作新的战略任务。

（二）建设国际大都市，为中关村科技园区标准化发展提出新需求

《北京城市总体规划（2004—2020年）》提出将北京建设成世界城市的战略目标，北京发展进入了全面建设现代化国际大都市的新阶段。世界城市是国际城市的高端形态，是指具有世界影响力、聚集世界高端企业总部和人才的城市。推进首都的世界城市建设，必须要坚持高质量管理、高水平服务，这比以往任何时候都更加需要标准化工作的支撑，发挥标准化在服务和支撑首都经济社会发展，提高首都建设和管理水平，提升政府工作效率等方面的作用。当前，首都发展面临着经济转型的巨大压力，资源环境约束日趋明显，产业结构深度调整，北京市必须提升现有的产业技术水平和自主创新机制，实现可持续发展，以及经济增长方式的转变。标准化作为科技创新的重要推动力，是提高经济效益的重要基础和发展循环经济的重要支撑。中关村科技园区作为北京市的高新技术产业集聚区、首都科技和经济发展的示范区，其标准化发展必将对首都经济质量与结构提升发挥重要促进作用。

（三）产业结构的优化升级对标准化提出更高要求

经济的持续、健康、快速发展有赖于其产业结构的不断优化和升级。随着经济全球化的进一步加深，全球范围内的产业结构调整也在不断加快，各个国家和地区都在积极进行产业结构的调整，力争在国际分工中占据有利地位。当前，北京产业结构调整的重点是依靠科学技术进步，走内涵发展的道路，有选择、有重点、有突破地发展智力密集或知识密集型产业，使产业结构逐步高级化。事实上，标准化作为工业化发展的产物是组织社会化大生产和专业化生产的基础和前提。产业规模越大、产业结构高级化程度越高，社会分工就越细、越专业化，产业与产业之间或产业内部之间的联系就越复杂，对标准化的要求也就越高。产业结构由低级化向高级化发展，技术创新是第一原动力。但技术创新要更有效、更快速地促进产业结构调整还需要具备一定的条件，标准化就是其中之一。标准是连接技术创新与技术创新成果的产业化的桥梁，先进适用的标准将对产业结构调整产生一种正向的推动力。高新技术的应用可能形成新的产业，也可能改变原来的产业结构。这就要求注重新技术应用的前

期标准化问题，标准化应在新技术产业化的前期介入。这期间需要做的是有预见性的基础标准化研究，制订术语、符号、规格尺寸、兼容性、产品系列化指标等方面的标准。否则，当新技术带动的产业发展到一定规模，技术协调和统一的问题就会暴露出来，而这时候再去协调统一这些事项往往会十分困难。

当前，中关村科技园区在通信技术、新能源、新材料、生物技术、环保技术等领域对预期标准化的需求十分强烈。这就需要园区抓住机遇，在高新技术领域争取标准化方面的主动权，为产业发展铺平道路，以在新一轮产业竞争中确立园区的优势地位。

（四）中关村科技园区发展战略纲要明确提出要全面实施标准战略

《中关村科技园区发展战略纲要（2008—2020年）》明确将园区定位为建设创新型国家、首都创新型城市的龙头和全球科技创新中心，按照创新驱动、高端聚集、辐射带动、开放发展的发展方针，通过全面实施知识产权、标准、品牌、技术转移战略，将园区建设成为世界前沿技术研发和先进标准创制的引领区。实施标准战略是园区企业参与国际高端竞争的必由之路，也是园区实现从产品输出向标准与品牌输出，进而向全球科技创新中心转变的必然选择。

五、中关村科技园区标准化发展的挑战

（一）在全球化背景下国际标准化竞争日趋激烈

面对全球性的市场竞争和信息技术给世界经济带来的机遇和挑战，20世纪90年代后期，特别是进入21世纪以后，美国、日本、加拿大和欧盟等国家和地区开始把标准战略作为国际经济竞争的首选战略。为了获取竞争优势，有关国际组织、区域组织和主要发达国家纷纷制订了旨在参与国际竞争的标准战略，积极开展和参与标准化活动。发达国家实施标准国际竞争策略的核心是争夺、控制国际标准战略制高点，具体表现为争取承担事关国家利益的国际标准化机构的主席和副主席职务，以及TC、SC秘书处工作，主导制订事关国家利益的国际标准。

我国国际标准化活动参与程度远不如欧盟诸国、美国、日本等发达国家。ISO、IEC主席和副主席的职务在长达50～100年的历程中，都是由发达国家的

成员担任。ISO、IEC 的 TC、SC 的秘书处工作约有 2/3 以上为发达国家所占，我国目前只承担着 13 个 TC 和 11 个 SC 秘书处工作。由于发达国家一直承担着国际标准化机构的领导职务，控制着大多数 TC 和 SC 秘书处工作，有丰富的领导经验，锻炼了大批国际标准化人才。由于技术领先、科技基础扎实、网络效应大、支持服务体系完善，发达国家在标准开发和标准推广中抢占了先机。再加上其在国际标准组织中的领导地位，发达国家在制订和推广国际标准活动中占有明显优势。相应的，不论是通过市场竞争机制还是通过国际合作机制，我国企业想实现国际标准突破都需要付出更大努力，这为中关村科技园区的国际标准突破带来巨大挑战。

（二）高新技术领域标准化工作模式转变带来的挑战

传统的标准化工作模式是在产品已经完成了开发并正式投入批量生产时才出台标准，这样的标准实际上是对定型投产的产品现状的客观描述，它是在所有工作都成熟的基础上，再制订一个标准，因而是一种被称之为“后补型”的标准化工作模式。高新技术最显著的特点是发展快、变化快、更新快、技术含量高，“后补型”标准化工作模式对于这些技术更新频率快、技术生命周期短的高新技术产业，难以发挥作用。许多高新技术在其产业化发展过程中，要求标准化适当超前，对产业的发展起到导向作用，否则，将影响高新技术产业健康发展。因此，高新技术产业标准的形成区别于传统产业，其标准制订思路应由传统的“后补型”标准化工作模式转变为“前导型”标准化工作模式。高新技术领域标准化工作模式的转变，对中关村科技园区的标准化管理和运行提出了更高的要求。

（三）北京创新资源优势尚未转化成区域产业和经济竞争优势

北京创新资源优势明显，在科技活动、人员、研发经费支持，科研机构数量，专利等方面处于国内领先的地位。但从中关村科技园区高新技术产业的发展来看，高新技术产业中高新技术含量、高附加值领域的比重仍然不高，高新技术产业对区域经济发展的带动和贡献仍显不足，区域创新资源优势尚未转化成区域高新技术产业的实际竞争优势。据调查，北京科技成果转化率为 42%，北京高校每年的科研项目有上千项，科研成果也有上千项，但在其约一半的应用成果中，转化率只有 10%～20%，且多在外地，北京科技成果转化存在外逸现象。从技术流向来看，技术合同成交流向本市的仅占北京市技术合同成交额的不足 1/3，有 2/3 以上的技术合同成交额流向外省市或实现了技术出口。这也表明北京的研发创新成果在本地产业化不足，研发创新对本地经济和产业发展的支撑作用尚未得到有效发挥，创新优势尚未完全转化为产业和经济优势。标准是创新成果产业化的桥梁和催化剂，畅通科技成果转化为标准的渠道，建立科技成果转化为技术标准的激励机制，将北京卓越的知识创造能力转化为高新技术产业的竞争力，是中关村科技园区标准化工作面临的又一挑战。

第二节　中关村科技园区标准化发展战略目标和战略选择

一、指导思想

全面贯彻落实科学发展观，围绕《中关村科技园区发展战略纲要（2008—2020 年）》、《国务院关于同意支持中关村科技园区建设国家自主创新示范区的批复》、北京市建设世界城市的战略定位，以及产业结构面临深度调整的现状等对标准化提出的战略需求，以促进高新技术产业发展、提升园区自主创新能力及产业竞争力为总体目标，坚持“整体提升、有限目标、重点突破”的指导原则，通过大力实施标准化模式创新和工作机制创新，发挥园区标准创新试点示范先行作用，构建企业主体、联盟协作、政府引导、创新推动的标准化体系，在培育园区成为世界前沿技术研发和先进标准研制的引领区，促进园区经济、社会持续发展，培育全球科技创新中心方面发挥支撑作用。

（一）提高自主创新能力、增强产业竞争力是园区标准化发展战略的核心任务

产业升级是产业由低技术水平、低附加价值状态向高技术水平、高附加价值状态的演变。随着经济全球化、网络化和一体化的发展，每个国家、企业的生产都已经嵌入到全球价值链中，产业升级从注重产业间结构升级到注重产业内层次升级转化，从注重部门内处于低价值链的产品生产向部门内处于高价值链的产品生产转化，从处于同一产品的价值链低端生产环节向处于同一产品的价值链高端生产环节转化。

标准不仅可以通过政府有意识的推动实现产业结构的调整和优化，而且可以通过市场的力量淘汰落后的生产方式，将相应产业引导到健康发展的轨道上来。政府部门可以将标准与产业政策进行有效结合，进而调整现行产业结构，优化产业的发展路径，加速产业升级的步伐。在市场竞争机制的作用下，标准的制订和实施，可以强化符合标准的产品市场竞争力，提高企业不执行标准的生产和管理成本，控制高污染、高耗能型企业的生产规模和市场占有率，淘汰不符合市场发展趋势的生产技术和生产方式，同时保证企业依照标准进行生产的经济收益和市场份额，从而实现优化产业布局的目标。通过实施标准战略，可使中关村科技园区加快产业发展的同时促进产业结构的优化。

（二）整体提升、有限目标、重点突破是园区标准化发展的基本原则

中关村科技园区的高新技术产业是首都经济的核心，目前已初步形成了电子信息、生物工程和新医药技术、光电机一体化、新材料、环保和资源综合利用为主体的产业结构。但是园区产业发展仍然面临很多突出问题：第一，产业生产点多，增长点优势不明显，除了电子信息产业以外，光机电一体化、新材料、生物医药等新兴领域尽管前景广阔，但产业规模不大。第二，研发能力强，产业化能力弱，各相关产业与支持产业缺乏，产品配套能力差，增加了企业生产成本，促使生产能力外流。第三，中心辐射能力强，周边承载能力弱，园区与周边地区的产业能级存在较大落差，使得北京城区与园区之间不能形成优势互补和良性互动。要缓解和解决这些问题，应在整体提升园区企业的标准化水平和标准的技术水平的基础上，根据园区产业发展的需求，在一段时间内，将标准化工作限定在有限目标内，整合产学研用等各方的资源和优势，重点突破影响中关村科技园区产业发展的标准项目，以提高园区的综合竞争力。

（三）支撑园区成为全球科技创新中心是标准化发展战略的最终目的

世界范围内正在掀起一场新的技术革命的浪潮。中关村科技园区的信息产业一直以来都是中国的排头兵，并且在新技术的发展上，也率先实现了重大发展，如清洁技术与美国硅谷同步。从国家的发展来看，党的十六届六中全会提出，到2020年建成创新型国家，党的十七大又把提高自主创新能力、建设创新型国家作为国家发展的战略核心，这些方针和政策都为中关村科技园区成为世界前沿技术研发和先进标准创制的引领区创造了很好的条件。

标准不仅是科技创新的基础，而且还可以促进创新发展。市场准入所设定的标准随着社会的发展而不断提高，它将引导、促使企业及相关方集中力量突破技术难关，加快生产技术的更新速度，缩短产品更新周期，加速产品换代的速度。而且，与技术成果紧密结合的标准在推广过程中显现的经济效益和社会效果，反过来又会刺激和激励科技创新的进一步开展，从而有力地推动了科技进步。所以说，无论从为了达到标准的要求而加大科研投入，还是从标准推广的结果激励进一步的科研投入的角度，标准促进科技创新的作用都是显而易见的。实施标准战略，将为中关村科技园区成为全球科技创新中心奠定坚实基础。

二、战略目标

结合《北京市"十一五"时期中关村科技园区发展规划》、《中关村科技园区发展战略纲要（2008—2020年）》，充分考虑中关村科技园区在发展标准化方面的人才优势、技术优势、文化优势、政策优势，制订园区标准化发展目标。

（一）总体目标

到2020年，中关村科技园区标准化发展的总体目标是：

1）标准体系建设方面：建成结构合理，重点突出，国家、行业、地方、企业标准协调配套的有效支撑园区产业可持续发展的标准体系。

2）企业标准化方面：企业运用和实施标准化的能力和水平全面提升，企业建立标准体系数量居全国前列。在高新技术领域，自有知识产权的标准数量进一步增加；电子信息、航空航天、生物工程、新材料、新能源与环保产业的标准水平进入世界先进行列。

3）标准运行和保障机制方面：建成适应中关村科技园区产业发展需要的、科学有效的标准化运行和保障机制，形成标准化与科技自主创新有机结合的促进机制。

4）标准化平台和服务建设方面：建立国内领先的标准信息公共服务平台，园区的标准化服务能力和服务企业的水平居全国前列，服务能力基本满足园区经济和社会发展对标准信息的需求。

5）标准化人才和环境方面：形成一支熟悉标准制订规则、掌握行业发展最新动态的国际、国家标准化专家队伍，把中关村科技园区打造成为高新技术领域标准化创新基地、标准化人才高地和标准化国际交流中心。

（二）阶段目标

1）标准体系建设方面：到 2015 年，形成促进自主创新能力提升和产业升级的中关村科技园区高新技术产业的标准体系；建立重点领域标准创新技术路线图；推出一批以园区企业自主知识产权为主的联盟标准或企业标准，在软件、集成电路、移动通信、计算机与网络、光电显示、生物医药、环保新能源等重点发展领域，拥有的自主知识产权的标准数量翻一番，形成园区的品牌标准。

2）企业标准化方面：到 2015 年，园区企业主导或参与研制国家、行业或地方标准数量新增 1000 项以上，提交国际标准文稿数量新增 50 件以上；承担国内外标准组织 TC 秘书处、SC 秘书处及 WG 召集人的数量达到 50 个以上；一批高新技术企业拥有标准化工作部门及标准化专、兼职人员，建立企业标准体系和企业标准化战略；企业技术专家担任国际和国家的 TC 中重要职务的比例及参加国际标准化活动的人员数量增加 30％以上。

3）标准运行和保障机制方面：到 2015 年，初步建立中关村科技园区标准化推进长效机制，形成科技研发、标准研制与产业发展的良性协调机制。

4）标准化平台和服务中介机构建设方面：针对中关村国家自主创新示范区标准创新试点的需要，到 2015 年，建成中关村科技园区高新技术标准创制平台、标准信息咨询与服务平台及标准检验验证平台。标准服务平台功能化更趋完善；形成若干国内知名品牌的标准化中介服务机构。

5）标准化人才培养和使用方面：在中关村科技园区率先推行北京市标准化工程师资格考试制度；推动园区的高校和科研机构设立标准化硕士、博士学位教育，开设标准化类课程，鼓励园区企业参加标准化知识培训；加强标准化专家库建设，到 2015 年标准化专家队伍达到 800 人。

6）标准化环境方面：到 2015 年，园区标准化工作经费投入比目前增加 10％以上，吸引国际知名的标准联盟等国外先进标准组织落户超过 5 家；园区内标准联盟（技术标准产业联盟）总数力争达到 35 个。

三、战略选择

（一）战略选择原则

标准化发展战略选择原则是根据标准化发展的客观规律性和实现产业发展目标的主观目的性来确定的。因此，它们不仅规定中关村科技园区标准化发展战略选择的内容，而且决定了战略目标实现的可能。在经济全球化的今天，在促进产业发展的目标下，标准化发展战略选择原则主要包括以下几个方面。

1. 坚持预见性与可行性相统一的原则

标准化发展战略选择不仅要把握眼前的发展情况，更需要将标准化的短期发展与长期发展结合起来。发展战略选择是关于标准化与园区未来发展的计划的选择，应具备预见性，这就要求在对标准化进行战略选择时，要以发展的眼光来看待标准化出现的各种问题，把握标准化工作现在的处境、未来的发展势头，以及明确将要达到的目标。不仅如此，还需要对标准化发展的路径进行预判，充分考虑到未来一段时间内，标准化发展前进的道路上会遇见什么样的困难，发生什么样的变故等。对标准化发展的预见性，不但可以使标准化发展避免一些盲目的风险，还能在一定的范围内避免产业内部的恶性竞争。同时，要将预见性与可行性统一起来，所选择的发展战略才有实现的可能。标准化发展战略是对一定时间段内标准化发展的总规划，是从全局出发制订的在这一时间段内标准化发展所要达到的目标。如果预见性所要求达到的目标遥遥无期或者依靠现实能力根本达不到，那么这个目标将很难被实现，从而也就失去了其存在的价值。所以，预见性并不是越远越好，只有在可行性范围以内的预见性，才会有真正的指导意义。

2. 坚持市场主导、行业协调、企业主体和政府推动相结合的原则

标准化发展要以市场需求为先导，满足市场需求为目标，发挥企业在标准化活动中的主力军作用，积极推动企业自有技术的标准化和标准产业化工作。在园区的标准化活动中，应充分发挥行业组织的紧密协调作用，鼓励和支持以园区重点产业领域的龙头企业和大型科研院所牵头，联合产业链上下游相关企业形成技术标准联盟，参与国家重大标准专项的研究、制订和实施，承担各类

标准研制项目和重大高新技术产业化项目，加大自主知识产权标准的研制力度。在此过程中，积极发挥政府的推动作用，市政府各行业主管部门、区县行政部门与标准化管理部门协同配合，充分发挥市场在配置资源中的基础性作用，并运用财政资金支持、政策引导等综合手段，引导企业成为标准研究、标准创制和创新成果应用的主体，提高企业的持续创新能力。

3. 坚持自主创新的原则

充分利用中关村科技园区各大高校和科研院所，以及在企业设立的各级工程技术中心的优势，推动企业技术创新与标准研制同步的工作机制，创新以企业为主体的标准化工作模式，及时将自主创新技术转化为技术标准，提升企业抢占市场的主动权。

4. 坚持面向国际的原则

中关村科技园区应以立足全国、面向国际的战略眼光，鼓励企业积极采用国际标准和国外先进标准，提升企业应对和消除国外技术性贸易壁垒的能力；支持企业实质性参与国际标准化活动和建立以企业为主体的国际标准跟踪制度，逐步实现从“国际标准本地化”到“本地标准国际化”的转变，为将中关村科技园区建设成为“全球科技创新中心”服务。

（二）战略选择

中关村科技园区标准化发展战略选择以标准引领园区产业发展为主导，重点领域以国际标准突破为方向，通过标准与知识产权的有机结合，促进联盟标准的发展壮大，培育园区的“品牌标准”，从而以标准带动园区的产业结构升级，提升园区产业整体水平和国际竞争力。

1. 标准引领战略

中关村科技园区是建设创新型国家、创新型城市的龙头和未来全球科技创新的中心，园区的重要战略作用在于它的示范带头作用、技术扩散模式，以及它对新产业和新业态的引领地位。根据园区自主创新和产业发展的特点和需求，园区的标准引领战略体现在以下两个方面。

第一，标准引领高新技术产业发展。高新技术产业中的标准制订一般先于产品或服务的市场化，标准在高新技术产业发展中发挥着引领的作用，通过支持对产业发展具有重要意义的标准研制、实施和修订，引领高新技术产业发展。

第二，标准引领产业结构调整和产业升级。标准随着社会的发展而不断提高，标准中性能指标的提高将引导、促使企业及相关方集中力量突破技术难关，加快生产技术的更新速度，缩短产品的更新周期，加速产品的换代速度。中关村科技园区可以将标准与产业政策进行有效结合，在产业政策和措施中引入先进标准，进而调整现行产业结构，优化产业的发展路径，加速产业升级的步伐。在园区的支持和引导下，通过标准的制订和实施，强化符合标准的产品的市场竞争力，提高企业不执行标准的生产和管理成本，控制高污染、高耗能型企业的生产规模和市场占有率，淘汰不符合市场发展趋势的生产技术和生产方式，从而实现优化产业布局的目标。

2. 国际标准竞争战略

当今世界，谁掌握了标准制订权，谁的技术就很有可能成为国际标准，也就掌握了国际市场上的主动权。中关村科技园区经过20多年的发展，重点产业和一批企业在技术创新和产业发展中表现突出，具备了国际标准竞争的技术实力和人才。国际标准竞争战略的根本任务是提高中关村科技园区技术标准的国际竞争力，根据园区各产业领域的发展情况不同，具体分为三个层次：一是有效采用国际标准；二是实质参与国际标准制订；三是重点实力主导国际标准制订。简称有效采用、实质参与、重点突破。通过有效采用，提高园区产业技术标准整体水平，与国际标准体系接轨；通过实质参与，提高园区重点领域技术标准的国际竞争力，解决国际标准不能充分反映我国技术要求问题；通过重点突破，重点解决园区高新技术领域、特色产业的标准转化为国际标准问题。

有效采用国际标准要强调“效果和效率”，而不只是强调“采标率”。这里的效果和效率是指技术上合理、适用。有效采用国际标准主要针对技术实力不太强、有出口前景的园区企业，这样，有利于提高企业的技术水平，促进国际贸易。

实质参与国际标准制订是指积极参与事关中关村科技园区产业发展的国际标准制订及相应的国际标准化活动，争取使重点领域的国际标准反映园区企业的技术要求。实质参与主要针对园区企业产品出口、市场竞争有重大影响的国际标准项目，有实力的企业要重点参与，跟踪国际标准制订过程，争取参与到国际标准起草中，保证把企业的利益和要求真正反映到有关国际标准中去。

重点突破是指集中产业领域的经济、技术和人才实力，重点争取制订具有自主创新成果，能够产业化、市场化，直接影响园区产业发展的国际标准。重点突破是国际标准竞争战略所追求的目标，本着“有所为、有所不为”的原则，选择技术实力强、可引领经济发展的重点领域作为突破口，实施“重点突破”。对以占领国际市场为目的的战略性国际标准提案，原则上以受益的产业界为主体，园区从政策、资金上对提案单位给予支持。

3. 联盟标准品牌战略

中关村科技园区围绕重点领域和优势产业，支持以龙头企业和大型科研院所牵头，基于其拥有的具有广泛应用前景，又有较强竞争性的先进适用技术成果，联合产业链上下游的相关企业组成产业联盟，研制共同的标准，以联盟的力量促进技术成果通过标准实现产业化，从而推动产业整体突破。

由于单个企业在技术、资金等方面的局限性，要想形成标准并在市场推广和普及比较困难。而联盟可以很好地解决技术创新和标准推广这两个问题。因为建立标准联盟，既可以彼此取长补短，获得优势互补效益，以达到优化资源配置和降低技术开发风险的目的；又可以避免企业间的标准之争，达到双赢；同时还可以借助于联盟的整体实力，更好地推广和实施标准，促进整个产业的发展。在处理标准中知识产权的问题时，联盟也具有很好的灵活性。联盟可根据各自产业和企业的不同特点，采取灵活的知识产权政策。例如，可采取“专利池”的经营模式，联盟对标准中的知识产权进行统一管理，建立专利评估、许可制度，通过协议确定专利权人、联盟和用户之间的权利与义务，有效地分配知识产权许可收益。

中关村科技园区目前已经拥有30多家产业联盟，形成了闪联、TD-SCDMA、长风软件等多个联盟标准，这些标准在促进产业发展和提升园区影响力等方面发挥了非常大的作用。实施联盟标准品牌战略，就是在现有基础上，通过园区的政策引导和资金支持，推出一批具有示范作用和较大影响的联盟标准，形成具有园区鲜明特色的“中关村科技园区标准”品牌。

4. 标准与知识产权联动战略

我国自加入WTO以来，和标准相关的知识产权纠纷日益增多，成为贸易冲突的焦点。中关村科技园区作为我国高新技术产业的品牌和首都高新技术产业发展的龙头，具有自主知识产权的科技成果越来越多，如何看待并解决标准与知识产权的问题，成为园区高新技术产业发展、促进园区向全球科技创新中心迈进的关键。

随着以高新技术产业为代表的知识经济的迅速崛起，国际竞争呈现出新的动向，即实力强的企业或企业联盟（多来自发达国家）全力推进标准与知识产权的战略性结合，强化知识产权保护，推动标准在产业界的广泛使用。在中关村科技园区实施标准与知识产权联动战略，对于增强园区产业竞争力，支持国际标准创制和联盟标准品牌的形成都有十分重要的意义。

第一，引导企业强化标准化意识。中关村科技园区的高新技术企业对专利、版权、商标权等知识产权保护日益重视，并积极应用到企业的经营中，但标准化意识还较缺乏。企业只有在注意技术的知识产权保护的基础上，主动参与到标准的制订过程中来，在标准中反映企业的技术要求，才能在标准应用和实施中占据主动，也才能在国际市场中更好应对发达国家的技术性贸易壁垒。

第二，引导和激励企业提高创新能力，加大研发投入，提高技术实力与科技创新力。运用知识产权制度使研发成果受到法律的保护，从而形成企业的自主知识产权。通过专利技术的标准化，实现技术的市场化，促进产品占领市场和扩大市场，最终实现市场最大化和利润最大化。企业通过创新成果的标准化，可以实现产品生产的规模化，降低生产成本，提高生产效率，快速占领市场，使含有自主知识产权的企业标准成为市场的“事实标准”，从而使企业获得巨大经济效益。

四、战略任务

（一）创造良好的标准创新环境

构建中关村科技园区产业标准化工作协调机制，形成由中关村管委会和北京市质监局牵头，各委办局等部门有力推动，行业协会指导，企业自主实施，高等院校、科研院所和检测机构技术支撑，社会广泛参与的标准化运行推进机制。整合资源，提高效率，充分发挥政府部门的作用，有效地提高园区企业的自主创新和自主知识产权技术标准的创制水平。

引导企业建立技术标准创新体系。建设以企业为主体，产学研相结合的技术标准创新体系，提高标准中自主创新技术的含量，进一步提高企业的核心竞争力。力争将具有产业化基础的科技创新成果、国家级重点新产品转化为标准，并通过标准化加速创新成果的产业化。鼓励企业加大以自主创新技术为基础的企业标准和联盟标准制订，特别是具有自主知识产权的技术标准创制。

推动企业参与国际标准化活动。积极引导和鼓励园区企业，尤其是有实力的企业，成为参与国际标准化活动的主体，提出国际标准新项目，力争将园区优势技术领域的国家标准和行业标准转化为国际标准，推动有竞争力的企事业单位积极参加国际标准化组织技术委员会工作。

实施标准制（修）订的项目管理模式。加强信息化建设，实施从标准立项到发布、宣贯、实施、复审等全过程的动态管理。切实落实标准的定期复审机制，及时淘汰落后标准，从根本上提高标准的适应性和竞争力。

（二）推进科技研发与标准研制协调发展

先期在电子信息、新能源与节能环保产业、新材料、生物工程及新医药技术、先进制造技术等优势领域，构建以企业为主体、市场为导向、产学研相结合的创新体系，推进技术创新、标准研制与科技成果产业化协同发展的机制，引领产业向价值链高端方向发展，实现产业技术标准提升与产业结构优化互动促进。

建立科技创新与标准研制协同推进机制。企业的技术创新成果，要尽快形成拥有自主知识产权的企业标准，并利用标准化促进产业化，形成产业规模。对于在国内有相当规模，在国际上有一定竞争力，发展潜力巨大的行业，要充分发挥园区的人才资源优势，整合园区的研究机构、高等院校和企业资源，引导和鼓励产学研各方通过原始创新、集成创新和引进消化吸收再创新等方式，大力推进科研成果通过标准化实现产业化，最终形成现实生产力。尤其是要积极推动园区企业将具有自主知识产权的技术向标准转化，形成企业标准或联盟标准，创新标准中专利的管理模式，利用专利池等方式，实现多家企业的技术创新成果互相共享，进而推动专利技术的市场化，提高企业或联盟的核心竞争力。

建立“科研成果→试点示范→标准研制→应用推广”的科研成果产业化一条龙体系。对通过试点示范推广的科研成果，引导它们通过制订标准扩大推广的范围，加快推广的速度；对其他科研成果，将试点示范与标准研制相结合，推进科研成果产业化。培育科技与标准中介组织，引导它们将科研成果通过标准向企业和协会提供和推介；鼓励中介组织通过科技成果的示范，形成标准，并向社会推广。

（三）促进联盟标准发展

结合中关村科技园区产业发展和企业创新的特点，大力推进联盟标准创制，进行标准模式创新，提高产业整体创新能力。

推进标准联盟的组建。在电子信息、新能源与节能环保产业、新材料、生物工程及新医药技术、先进制造技术等优势重点领域，支持以龙头企业和大型科研院所牵头，基于其拥有的具有广泛应用前景和较强竞争性的先进适用技术成果，联合产业链上下游的中小企业，组成技术联盟，研制和推广联盟标准。以标准为主线打造完整的产业链，增强产业界的横向联合，完善技术研发体系，以降低联盟企业的研究成本，提高企业的抗风险能力，从而带动整个产业链的发展，促进具有自主知识产权的联盟标准的市场化推广和应用。同时，园区和北京市相关政府部门应为联盟的组建和联盟标准的发展营造积极的外部政策环境。

突破重点领域技术，研制联盟标准。以联盟为纽带，整合园区内外的技术优势企业及科研究构，开展重点产业的核心和共性技术攻关，推动在核心技术领域的原始创新和集成创新，力争在若干重点领域实现突破，特别是软件、集成电路、新一代移动通信、计算机与网络、光电显示、生物医药及能源、环境保护、新材料及资源循环利用等园区主导产业的核心技术领域。同时，结合产业技术联盟的发展与运作，争取国家的重大科技基础设施资源落户园区，特别是公共技术支撑平台、国家工程技术中心、国家级研发中心等，大大加强园区的科技基础设施。以联盟的核心技术或共性技术为基础，研制联盟标准，以标准为平台，整合联盟企业的专利技术，创新专利统一许可管理模式，在促进专利技术应用和推广的同时，提升了联盟标准的技术含量和水平，从而形成一批具有自主知识产权的世界一流的中关村科技园区品牌标准。

（四）加强标准的实施

通过政策引导、认证认可、示范试点等形式，鼓励中关村科技园区企业积极采用国家标准、行业标准，加大标准在全社会宣传和实施的工作力度，提高企业和社会的标准化意识。

加强对园区重点产品，尤其是重点出口产品标准与国际、国外先进标准的关联度研究，掌握相关国际标准和国外先进标准的发展趋势，为园区企业提供产品升级和结构调整所需的标准信息和技术支撑。重点鼓励和支持规模以上企业、高新技术企业、品牌培育企业积极跟踪与其核心技术相关的国际标准化发展趋势，研究和采用国际标准和国外先进标准。引导企业通过自主研发、消化吸收再创新、技术改造等方式采用国际、国外先进标准，提高企业参与国际产业分工和竞争的技术能力。

加强对企业标准化工作的指导、培训和服务，引导企业参与国际、国内标准化活动，建立和完善企业标准体系。自觉贯彻执行质量管理体系标准和计量检测体系标准，增强企业的标准化意识，强化企业标准基础建设，不断提高企业标准化水平，创建标准化良好行为企业。

第三节　中关村科技园区标准化发展重点

21 世纪是科学发现和技术发展出现密集创新的时代。根据科技部①对各个重要产业技术领域的分析和判断，一方面，各种高新技术继续快速、深入发展，专业化分工越来越明细；另一方面，多种学科交叉和融合，促进了高新技术产业群的迅速崛起。

综合分析各重要科技领域，在总体发展趋势上，信息技术仍然是当今世界发展最为迅速、渗透最为广泛、应用最为成熟的新兴技术；“后基因”时代生命科学和生物技术的发展将为工业、农业、环境、医药带来巨大的变革；纳米技术完全突破人类传统认识的局限，可能引发全新的技术革命；新材料技术、信息技术、生物技术一起共同构成 21 世纪最重要和最具发展潜力的领域；随着世界化石能源储量的逐渐减少，核能重新升温，可再生能源和新能源发展迅速，以环保和可持续利用为目标的高效节能与能源结构调整已成为能源关注的方向；

① 本节内容主要来源于对科技部“国家技术前瞻研究组”和中国科学院若干重要领域科技发展路线图的相关分析

先进制造与自动化技术将带动制造业的迅速发展；以生物技术、信息技术、新材料制造技术等为标志的高新技术应用于农业领域，并与常规技术紧密结合，促进了农业科技水平的大幅度提高；海洋技术已成为世界各国竞争的焦点，目前美国、日本、澳大利亚等发达国家先后制订了国家海洋发展计划，把海洋开发利用研究确定为21世纪优先发展的领域；干细胞技术、克隆技术、纳米技术、基因技术、网络技术、远程医疗、生物信息技术等正在发挥越来越大的作用，以生物技术为主导的健康产业逐渐成为世界经济的主要支柱性产业。

一、电子信息产业技术

（一）产业技术前瞻

当前，信息技术正在发生结构性变革，在信息器件向高速化、微型化、一体化和网络化发展的同时，软件和信息服务成为发展重点。大规模集成电路（VLSI）正快速向系统芯片发展；移动通信技术正在向第三代、第四代发展，同时将提供各种质量更优、速度更快，以及更安全的服务，并带来巨大的经济利益；电信网、计算机网和有线电视网的三网融合趋势进一步加快，无线网络成为世界关注的重点；全球化的信息网络将像电力、电话一样为社会公众提供各种信息服务。不难预计，在未来相当一段时期，信息技术仍将是带动世界经济增长和经济结构变化的主要动力。

根据科技部组织的“国家技术前瞻研究组”的工作成果，到2020年，在电子信息产业领域，从增强重点产业核心竞争力的角度看，突破制约我国信息产业发展的核心技术主要是新一代移动通信技术、纳米级集成系统技术与装备和数字音视频技术三个领域；而从抢占前沿技术制高点的角度看，一是要在信息技术供应链的重要环节形成竞争优势，二是要建立信息安全技术保障体系，其涉及的关键技术主要有新一代移动通信技术、下一代国家统一信息网络体系技术、高性能计算技术、网格技术、网络操作系统、人机交互技术、纳米级集成系统技术与装备、生物信息技术、国家信息安全系统技术、无线通信安全技术、安全专用芯片等领域。

目前对未来更长一段时期（到2050年左右）的产业发展还难以有清晰的判断。根据中国科学院组织的“信息领域战略研究组”的工作成果，届时我国将全面进入信息社会，社会信息化水平总体上接近当时的发达国家水平。在信息科技发展路线上，预计将重点围绕无处不在的网络信息技术应用，网络和信息基础设施的升级换代，信息器件、设备和软件的变革性突破，新信息科学和前沿交叉科学四个层次进行战略安排。其中，与产业技术发展较为紧密的，一是网络和信息基础设施的升级换代，包括互联网，传感网，无线通信、光通信，超级计算四个方面；二是信息器件、设备和软件的变革性突破，包括微电子及新型器件，光电子与光子器件，量子信息，存储器件四个方面。

（二）现有标准创制优势领域

目前，中关村科技园区在电子信息技术领域有北大方正电子有限公司等74家企业和科研单位参加TC，是各产业技术领域中数量最多的。还有74家企业、科研单位参与了767项国家信息、通信标准的制订。另外还有32家企业参与了工信部在信息技术领域的标准工作组，在未来创制国家标准数量方面具有较大潜力。其中，近年来值得关注的中关村电子信息产业领域标准创制和产业化的进展主要有以下几个方面。

1）在移动通信产业领域，第三代移动通信技术TD-SCDMA使我国第一次拥有了在全球通信领域的话语权。当前，TD-SCDMA产业联盟的成员已发展至48家，以其为核心，园区通信企业在掌握技术发展主动权的前提下，通过广泛的国际研发合作，促进了技术和产业的更快发展。以标准发展初期，大唐电信与西门子的紧密合作为开端，世界主要的电信设备供应商都已经以各种方式参与到了TD-SCDMA产业的发展中，大量有影响的国际通信企业陆续进入TD产业链，正在进行批量产业开发或已经推出了相应TD产品。目前，TD-SCDMA产业化加速，国产3G大幅迈向商业化，较好地支撑了2008年北京奥运会的通信服务，并已建立了5个规模商用试验网。信威通信的SCDMA无限接入系统也在蒙古国全线开通。

此外，手机电视、无线通信自主创新成果也在商业化中寻求新发展。其中，新岸线的T-MMB方案最终被遴选确定为手机电视/移动多媒体国家标准的技术方案。威讯紫晶和联想集团等企业联合制订的无线个域网标准也已获得国家标准立项，并代表中国正式提交国际标准化组织。该标准有助于改变我国无线个域网络领域受制于人的局面，是继TD-SCDMA标准之后我国在网络通信领域又一项核心技术标准。同时，基于该标准的技术方案，已被列为美国电气工程师协会的无线个域网标准草案的一个组成部分，为使中国标准成为国际标准做好了技术准备。以中关村科技园区企业为主导的“闪联标准”也已经成为全球首个 3C 协同领域的国际标准。

2）在软件与信息服务产业领域，书生公司的文档读写接口标准 UOML 成为国际标准组织 OASIS 的正式标准，是中国软件业的第一个国际标准。天元网络“基于租用电路业务的端到端 QoS 测量与监视的基本框架”成为国际标准，并已经累计创制 7 项国际标准，另有 3 项国际标准取得立项。中科红旗公司与中标软件等企业合作，组建了中国 Linux 产业战略联盟，并主导制订了 2 项国家标准。

3）在数字电视产业领域，中关村科技园区企业在地面数字电视 DTMB 标准上取得巨大突破。国家地面数字电视强制性标准 DTMB（GB20600—2006）于 2007 年 8 月 1 日正式实施。2007 年 12 月，海尔集成电路公司牵头组织中国 DTMB 标准和欧洲 DVB—T 标准在古巴进行对比测试，中国标准以明显优势胜出。2008 年 6 月，以园区地面数字电视联盟核心成员组成的中方代表团在委内瑞拉首都加拉加斯参与中国、欧洲、日本的地面数字电视标准五种性能对比测试及中国标准的宣传推广工作，中国标准以更大的优势胜出。目前，中国自主知识产权的地面数字标准已经具备从发射端、接收端，以及测试仪器、仪表方面较完整的产业链，全部设备可以完全自主设计、自主生产，并在中国国内已实现大规模应用。其中，凌汛华业公司研制出了第一颗符合国家数字电视地面传输标准的信道解调芯片；创毅视讯公司研制成功第一颗符合移动多媒体广播行业标准（CMMB）的信道解调芯片；中天联科公司率先推出了符合中国直播卫星标准（ABS-S）的信道解调芯片；海尔集成电路公司的数字电视信源解码新品占到全国市场 50％的份额。中关村科技园区目前抓住国家数字电视地面传输标准颁布的契机，组织园区在节目制作、芯片设计、发射、传输、接收等产业链关键环节的优势企业牵头，成立了 DTV 数字电视产业联盟，并依托该联盟，积极筹备申请建设数字电视国家工程研究中心。此外，数字音视频（AVS）技术的产业化应用也取得了一定的突破。

（三）重点领域选择

（1）移动通信领域：TD-SCDMA标准的产业化，与新一代（Beyond 3G和4G）移动通信技术标准创制前期研发

近几年，在3G技术不断发展的同时，世界各国对新一代移动通信系统的研究日益升温，移动通信的应用范围不断扩大。移动通信与互联网的结合，以及移动通信与广播的结合，将是移动通信发展的新趋势。目前，移动通信技术已完成了由第一代模拟通信技术向第二代数字通信技术的过渡，包括GSM（TD-MA）与CDMA（码多分址）的第二代数字移动（蜂窝）通信技术创造了前所未有的辉煌，目前正处于由其巅峰状态向第三代（3G）移动通信技术过渡的进程中；世界各国都已投入力量，进行Beyond 3G和4G移动通信标准、技术和产品的开发；第三代移动通信已开始投入商用；全球（蜂窝）移动通信用户总数已超过发展达百年的固定通信用户数，并且用户群还在进一步扩大。

我国移动通信网已成为全球第一大网，经济前景巨大，而且我国移动通信技术的研发水平和产业发展与国际同步，处于由第二代向第三代的过渡时期，具有多项自主知识产权，具备了参与国际竞争的能力，有可能在该领域实现技术突破和产业的跨越式发展。特别是大唐移动公司进行的TD-SCDMA产品的开发已取得重大进展，实现了系统打通电话、图像传送和试验网演示；在Beyond 3G研究方面，国家“3G”计划已开始部署有关研究，并将完成Beyond 3G的通用无线环境的体制研究及其系统实用化研究，建立起Beyond 3G的现场试验网络。

中关村科技园区的企业和科研单位在此领域，具有较强的创新和产业竞争优势，属于我国为数不多的在移动通信产业具有自主知识产权核心技术的领域。在该领域，一方面，应继续大力加强TD-SCDMA标准的产业化推进，另一方面，应抓住当前移动通信正处于由其巅峰状态向第三代（3G）移动通信技术IMT-2000过渡的进程的机遇，提前部署从3G到4G的转换时期需要重点投入的标准创制前的科技研发，为抢占新一代移动通信技术的核心标准提供科技基础。

（2）信息安全领域的无线网络技术标准WLAN的推广实施

我国目前对信息安全的要求急剧增加，但产业自身无线网络安全性的保障

能力不强，在终端制造产业上缺乏提供终端核心芯片的能力。我国于 2003 年 5 月正式发布的无线网络安全技术标准 WAPI 替换了 WEP 标准中的对称加密机制，采用了椭圆曲线密码算法的非对称加密机制，增加了工作站和 AP 之间的双向认证，可以实现 AP 之间的互相认证，具有比目前 WEP、802.1x、WPA 等安全协议更高的安全性。当前应继续大力推广具有我国自主知识产权的无线网络技术标准 WLAN（WLAN Authentication and Privacy Infrastructure，无线局域网鉴别和保密基础结构）在产业中的推广应用。

（3）数字音视频技术标准的产业化推广实施

随着数字技术蓬勃发展，数字消费电子与多媒体应用已成为当前信息家电发展的主流，将更丰富、更高品质的数字内容整合到更多样化的产品中，并通过硬件、软件、内容、服务等方面有机连接成一个网络，已经成为数字音视频发展的必然趋势。以音视频技术为代表的消费类电子产品正在逐渐与电子计算机、通信技术相融合，其具有产量大、覆盖面广的特点，可以带动相关行业、相关产业迅猛发展。音视频技术领域的发展方向是数字化、高集成化和多功能化。

随着国际标准化组织发布 MPEG-4 标准，国际音视频标准开始进入第三代。但这些核心关键技术主要掌握在国外大公司手中，由美国 Dolby、DTS 等少数国外公司垄断，每年收取的专利费就高达数十亿美元。我国在音视频技术领域的专利技术很少，音视频产品的关键器件仍要依靠进口，特别是专用超大规模集成电路、关键的显示器件（例如 PDP 屏、LCD 屏等）我们仍不能自主开发、生产，其中音视频产品中的专用集成电路 95%以上要进口，PDP 和 LCD 显示屏等仍被国外几个大公司垄断。

以音视频技术为代表的消费类产品产量大、覆盖面广、利润高，将会成为拉动国民经济发展的重要力量，并能带动相关行业、产业的发展。我国目前正在着力研发数字高清晰电视产业化中的关键技术，并以此为龙头，带动我国数字音视频技术的发展。特别是随着我国首个具有自主知识产权的数字音视频编解码技术标准（AVS 标准）的颁布，音视频专用芯片的研发进展较快，“星光系列”和“湖南中芯”等芯片已经问世；拥有自主知识产权的高清影碟机标准（EVD 标准）也已经出台。以中关村高新技术产业协会、北京海尔广科为主要发起单位的AVS产业联盟在国内具有较大优势。

此外，随着2009年4月面向视频监控的AVS-S标准起草完成和第二代AVS标准（简称AVS2标准）制订工作的启动，AVS工作组在2008年年底申报称为《信息技术新型多媒体编码》的第二代AVS国家标准的立项计划（简称AVS2计划），并启动了更高效率的高清、超高清、三维视频的标准制订工作，讨论形成了智能视频监控编码标准的需求，将向国际MPEG会议提交，推动视频监控国际标准的制订。

（4）地面数字电视DTMB标准的产业化推广实施

地面数字电视强制性国家标准DTMB（GB 20600—2006）已于2007年8月1日正式实施。充分抓住中关村科技园区企业在地面数字电视DTMB标准上取得巨大突破的机遇，依托DTV数字电视产业联盟，大力推进地面数字电视DTMB标准的产业推广和大规模应用。

（5）下一代网络系统技术的标准创制与产业化推广应用

未来10年，整个世界范围内通信技术最大和最深刻的变化将是从语音业务向数据业务的战略性转变，传统电话网和IP网的互通和融合是必然趋势。根据我国的网络规划，2004～2010年我国预计增加的固定用户数和移动用户数分别为2亿户和2.5亿户，互联网的用户数还将增加2.6亿户，电信网目前还将继续一段高速发展的时期，一些新的运营商也还需要建设自己的网络；用户对业务的需求将从话音业务扩展到数据业务和多媒体业务。这些即将到来的需求将极大地推动我国下一代网络系统技术的发展。

在这个网络演进中，构建下一代国家统一信息体系结构至关重要。我国是少数几个能够提供全系列数据通信设备的国家之一。在下一代网络研究方面，国家“863”计划支持的“中国高速信息示范网”和国家自然科学基金支持的“中国高速互联研究试验网”重大研究项目都取得了创新性的研究成果。

中关村科技园区在下一代网络领域，拥有神州数码、东土科技、天地互连、中创信测等一批在国内处于领先地位的企业，同时在重大技术创新、新产品研发及产业化、国际合作等方面也取得了较大进展。目前，已有十余家国内外下一代互联网研发机构汇聚在园区，并组建了园区下一代互联网产业联盟，园区下一代互联网产业链趋于稳定，奥运商用取得了巨大成功。特别是2008年12

月，“中国下一代互联网示范工程（CNGI）阶段总结和成果汇报大会”宣布中国IPv6示范网已经开始运营，产业化获得重大突破。目前，接入中国下一代互联网示范工程（CNGI）示范网络核心网的高校和研究单位超过160个，这一核心网为40余项技术试验、应用示范和产业化项目提供了测试环境。中国下一代互联网示范工程已经成为我国研究下一代互联网技术、开发重大应用、推动下一代互联网产业发展的关键性基础设施，为提高我国在国际下一代互联网技术竞争地位做出了重要贡献。

（6）网络操作系统技术的标准创制与产业化推广应用

网络操作系统（NOS）是网络的心脏和灵魂，是向网络计算机提供网络通信和网络资源共享功能的操作系统。多年来，我国软件产业基本上局限于应用软件领域。目前国际上主要使用的操作系统有Windows、Unix、Linux、MacOS等，其中微软Windows操作系统一家独大，垄断了90%的全球市场，对我国市场垄断高达97%。在操作系统领域的技术进步和竞争，对软件业乃至国家经济利益和安全保障都非常重要。同时，中关村科技园区已经出现了以中科红旗为代表的致力于操作系统自主研发的软件企业和单位，具备了自主开发操作系统的能力。其中，中科红旗的Linux产品用户已经广泛分布于政府、邮政、教育、电信、金融、保险、交通、运输、能源、物流、媒体和制造等各个行业，得到了用户的普遍认可，并主导制订过两项国家标准。

二、新能源与节能环保产业技术

（一）产业技术前瞻

根据我国国民经济快速发展对能源需求的程度和技术自身的发展趋势，储氢材料和固定氧化物燃料电池、核聚变堆材料、绿色二次电池是未来我国重点发展的技术。预计2020年以前，本领域内的主要发展方向有以下三个方面：一是利用石油和天然气经高效清洁转化生产超清洁液体燃料或其他重要的化工原料，如乙烯、丙烯、氢气等；二是煤的高效清洁燃烧及转化利用；三是合成气制液体燃料技术。

未来一段时期，我国科技界将重点瞄准高效非石化燃料地面交通技术、煤的洁净和高附加值利用技术、电网安全稳定技术、生物质制取液体燃料和原材料技术、可再生能源规模化发电技术、深层地热工程化（EGS）技术、氢能利用技术、天然气水合物开发与利用技术、新型核电和核废料处理（ADS）技术、具有潜在发展前景的能源技术（包括海洋能、新型太阳能电池和核聚变）10个重要技术方向，着力突破关键技术，推进相关技术集成、试验示范及其商业化应用。

根据科技部组织的技术预见分析，到2015年前后，我国在资源能源领域的20项重大技术分别是：深海油气田开采技术，超大规模电网安全保证和防御体系，百万千瓦级先进压水堆技术，以煤气为基础的多联产技术，核安全与辐射安全技术，低渗透油藏提高原油采收率技术，煤炭（直接、间接）液化技术，太阳能电池关键技术，中国原型快堆核电站设计及其验证技术，建筑及建筑环境系统的能耗分析与节能优化设计技术，干法烟气脱硫技术，高水平放射性废物地质处置技术，兆瓦及数瓦级风电机组及主要部件关键技术，重型燃气轮机技术，超大容量交流长距离输电技术，先进乏燃料后处理技术，煤炭气流床气化技术，高效超临界（超超临界）燃煤发电技术，深部煤炭资源开采技术，复杂条件水电站流域开发关键技术。

我国至2050年的重要战略安排节点是：到2020年前后，突破新型煤炭高效清洁利用技术，初步形成煤炭能源与化工的工业体系；突破新轨道交通技术、纯电动汽车技术，初步实现地面交通电动化商业应用；在充分开发水力能源和远距离超高压交/直流输电网技术的同时，突破太阳能热发电技术、光伏发电技术和风力发电技术，初步形成可再生能源作为主要能源的技术体系和工业体系。到2035年前后，突破生物质液体燃料先进技术并形成规模化商业应用；突破大容量、低损失电力输送技术和分散、不稳定的可再生能源发电并网及分布式电网技术，届时电力装备安全技术和电网安全新技术比重将达到90%，初步形成以太阳能发电技术、风力发电技术等为主的分布式、独立微网的供电和输电系统；突破新一代核电技术和核废料处理技术，为形成有中国特色的核电工业提供科技支撑。到2050年，突破天然气水合物开发与利用技术、氢能利用技术、燃料电池技术、深层地热工程化技术、海洋能发电技术，基本形成石化能源、新能源与可再生能源、核能、水能等多元能源结构，及以自主创新技术为支撑的中国特色新能源工业体系。

（二）现有标准创制优势领域

在能源技术领域，中关村科技园区有 74 家企业、科研单位参加 TC；有 20 家企业、科研单位参与了 25 项国家能源技术标准的制订；安捷伦科技有限公司等 3 家企业参与了工信部标准工作组；清华阳光起草的两项太阳能光热利用国家标准已正式颁布。

新能源与环保产业在新世纪有巨大的发展前景，预计将成为中关村科技园区标准创制和推广实施的重点，特别是在新型电池产业技术领域，标准创制和产业化推广的意义更为重大。

（三）重点领域选择

在新能源与环保产业领域，重点支持新能源汽车电池技术的标准创制和产业化推广应用，其核心是以汽车为主要应用的燃料电池技术标准的研制和产业化推广应用。绿色二次电池一直是国际科技发展的热点之一，若干大型二次电池储能调峰电站的试运行，以及绿色电池电动汽车的发展，推动了绿色二次电池材料与技术的进步。燃料电池的洁净、高效、环境友好、无噪声、无污染等特点，推动了其在交通、运输、低容量分散电站等领域的应用。但我国绿色二次电池材料的制备技术及工艺水平较弱，燃料电池关键材料和关键技术等还存在较多的问题有待解决，电池组生产能力也较弱。同时，低成本、薄膜化、高效率、能量回收期短、无毒性的第三代光伏电池研究差距较大，在能源转换器件、储能器件、储能装置及其相关材料、关键技术等方面缺乏原创性研究。

质子交换膜燃料电池（PEMFC）以质子交换膜为电解质，是我国目前的研究热点。单个 PEMFC 功率从几瓦到几十千瓦不等，其应用范围既有手机、笔记本电脑、电动工具等可移动电源，也有燃料电池汽车，以及燃料电池热电站等大功率的应用。其中，国际上有几家公司提供小到 1～7 千瓦的家用 PEMFC 电站，大到 250 千瓦的分散式电源，但燃料电池最多的成果示范还是在汽车上的应用。

三、新材料技术

（一）产业技术前瞻

在物质科学技术的大科学背景下，材料科技更加注重多学科的交叉与综合，并由此不断拓展，形成新的材料技术。同时，材料科技与环境科技等学科发展的联系更加紧密，发展资源节约型、能源节约型、可持续发展型的材料科技已在世界范围内引起高度重视。

新材料产业技术的发展，总体有以下几个主要趋势。

一是重视新材料发展与基础材料及传统材料的改进、更新、提高之间的相互促进。一方面，传统材料仍将在未来占有重要位置。金属材料在性能价格比、工艺及现有装备上都具有明显优势，而且新品种不断涌现，今后仍将有很强的生命力。高分子材料还会大大发展，性能会更优异，特别是高分子功能材料正待开发。工艺陶瓷将在性能提高、成本降低的条件下得到进一步发展。功能陶瓷已在功能材料中占主要地位，还将不断发展。但另一方面，新材料的发展带动和促进了基础材料和传统材料的改进和更新，新材料技术促进了新型产业的发展，对传统产业的改造和升级发挥着越来越重要的作用。

二是复合材料是结构材料发展的重点。其中主要包括树脂基高强度、高模量纤维复合材料，金属基复合材料，陶瓷基复合材料及碳基复合材料等。表面涂层或改性是另一类复合材料，其量大面广、经济实用，具有广阔的发展前景。

三是生物材料将得到更多应用和发展。一种是生物医用材料，可用以代替或修复各种人体器官、血液及组织等；另一种是生物模拟材料，即模拟生物的机能，如反渗透膜等。

四是纳米材料科技的发展特别引人关注。纳米材料科技是当前乃至未来一段时期内纳米研究的重点之一，在未来5～10年还会有重大发展，并可能导致经济、科技甚至生活方式的改变。

五是制造材料的新工艺、新流程及结构与性能的新测试方法往往成为发展新材料和研究材料的突破点，并越来越受到人们的高度重视。以原子、分子为起始物质进行材料合成，并在微观尺度上控制其成分和结构，已成为现代先进材料合成制备技术的重要发展方向。环境协调和低成本的合成制备技术受到人们重视，在某些领域，材料合成制备已与器件设计和制造实现一体化，相关新技术、新装备不断涌现。

六是新材料向高性能、低成本和复合化、集成化、低纤维、智能化方向发展，一批重大的、影响深远的新材料相继涌现，对社会发展和人民生活水平提高发挥了重要的作用。

我国至2050年的战略路线设计是，至2020年前后，我国若干基础原材料如钢铁、水泥、有色金属的品质和性能全面达到或接近国际先进水平，基础原材料制备能耗降低50%，材料可循环再生利用率达到10%，现有材料寿命延长50%，碳排放减少及再利用达20%；有自行设计工艺流程和制造重大装备的能力，基本满足国家重大工程建设、国家安全、装备制造、交通运输等的需求；企业创新能力得到大幅提升，基础研究水平和新材料、新工艺研发能力接近世界发达国家水平。

至2030年前后，我国基础材料制造处于国际领先水平，现有材料寿命延长一倍，材料可循环再生利用率达到20%，碳排放减少及再利用达50%。我国将实现由材料大国向材料强国的战略性转变，从跟踪发展实现自主创新，能满足我国国民经济、国家安全、社会可持续发展对材料的需求。传统材料实现大规模绿色制备加工和循环利用。

至2050年前后，我国先进材料发展能够全面满足高新技术、可再生能源、生命与健康、环境保护的需求，材料可循环再生利用率达到50%；具有自我修复和自愈合功能的仿生材料获得应用，智能材料成为主导材料之一；材料设计与仿真、制备工艺仿真与控制、材料分析测试与评价表征将更多地采用物质科学与信息科技新成就、新方法、新工具与新手段，材料的结构与性状可被精确设计与预见，其工艺流程也可被精确地控制与实现。

（二）现有标准创制优势领域

目前，在新材料技术领域，中关村科技园区有安泰科技股份有限公司等27家企业、科研单位参加TC；北京北冶功能材料有限公司等15家单位参与了一大批国家标准的制订；另外，还有北大先行科技产业有限公司、北京金朝电子材料有限责任公司参与了工信部标准工作组。

在新能源电池材料方面，中信国安盟固利电源技术有限公司具有较好的基础。该公司曾经于2002年承担钴酸锂国家标准制订任务，并与2005年圆满完成，2006年正式实施；近两年来参与制订的标准有2008年的“钴酸锂电化学性能测试方法-首次放电比容量及首次充放电效率测试方法”、“钴酸锂电化学性能测试方法-放电平台容量比率及循环寿命测试方法”、“钴酸锂化学分析方法-第1部分：钴含量的测定 EDTA 滴定法”、“钴酸锂化学分析方法-第 2 部分：锂、镍、锰、镁、铝、铁、钠、钙、铜的测定电感耦合等离子体发射光谱法”，以及 2009 年的“锂离子电池正极材料镍酸锂”。

（三）重点领域选择

（1）纳米材料绿色印刷制版产业技术的标准创制和产业化推广应用

纳米材料绿色印刷制版技术是我国完全拥有自主知识产权的高新技术，它摒弃了传统感光成像的技术思路，是一种非感光、无污染、低成本的绿色制版技术。

中国印刷业已经发展成为对我国国民经济有重要影响的行业之一。2007 年我国印刷工业总产值达到 4600 亿元，且在 1995～2007 年，中国印刷行业总产值平均年增长率为 16.7%。这样快速发展的巨大市场对具有自主知识产权的先进印刷技术提出了迫切需求。目前最为先进的印刷技术是计算机直接制版技术（computer to plate，CTP），它是取代当前普遍使用的激光照排技术的典型代表。CTP 技术和激光照排技术均要使用感光材料，存在感光、显影、定影、冲洗等复杂过程和避光操作等烦琐工艺，同时还有因化学品清洗引起严重的环境污染问题。当前，即使声称已经过环保优化的 CTP 制版机，在冲洗每平方米版材时也需要化学品约 300 毫升。虽然废液通常是在中和后被排放，但仍会造成严重的环境污染和资源浪费。而且，CTP 技术被国外企业垄断，设备和耗材价格昂贵。因此，研制出更加环保的绿色直接制版技术，有利于在未来印刷技术竞争中掌握主动。

由中国科学院化学研究所通过多年在纳米界面材料制备等方面的研究积累，研发的“纳米材料绿色印刷制版技术”已取得多项重大技术突破，并形成较为系统的自主知识产权体系。这种非感光、无污染、低成本的新型快速印刷制版技术，摒弃了感光成像的技术思路，在无需暗箱操作、简化制版流程、根本消除环境污染的同时，大大降低成本，图文质量也大幅提高，将有望解决我国印刷制版行业的污染和资源浪费问题，提升我国印刷企业的技术创新水平和竞争力。

近来，中国科学院化学研究所纳米材料绿色印刷制版技术中试线建成。联想投资等 4 家来自北京、广东的企业与化学研究所在该所中试基地签署了《纳米材料绿色印刷制版产业技术创新战略联盟》意向书，标志着这一绿色、低成本印刷制版技术规模产业化蓄势待发。

(2) 以汽车为主要应用的新能源电池材料技术标准的创制和产业化推广应用

经过“九五”、“十五”的发展，我国的新能源材料技术已经初步形成体系。“十五”期间，混合动力电动汽车的批量生产及产业化，推动了我国动力电池与相关材料产业化基地的建立。绿色二次电池的大部分原料已经基本实现国产化，并形成从上游产品、原料制备、设备制造、电池加工、出口贸易到下游产品的产业链。在新型电池领域，中关村科技园区企业在绿色电池用关键原材料领域优势明显，特别是以北大先行、中信国安盟固利等龙头企业为代表的锂离子电池正极材料、磷酸铁锂材料在量产方面取得技术突破，占据全国较大市场份额，产业优势明显，标准创制和产业化推广的意义重大。

(3) 以光电子和光伏材料为主的电子信息材料技术标准的创制和产业化推广应用

中关村科技园区光电子材料产业近年来发展较快，特别是LED产业迅速起飞，以维信诺为代表的新材料企业在新型平板显示技术领域取得重大突破。太阳能光伏材料产业获得快速发展，光伏并网逆变器打破了此前该领域完全依赖进口的局面。重点关注平板显示材料、光伏材料、半导体照明材料等领域的标准创制和产业化推广。

四、生物工程及新医药技术

(一) 产业技术前瞻

生物工程及新医药技术产业门类较多，不同的子行业差异较大。我们主要从以下五个领域进行分析。

(1) 医药生物技术领域

随着医学技术的迅速发展，生物技术正在从根本上改变目前的医学模式，这不仅会影响对疾病的诊断，还会对疾病的治疗产生重大影响。疾病控制、定制药物、基因疗法、延缓衰老、记忆药物、修复医学、再生医学、仿生学移植、动物移植等诸多领域的进展，将继续改善人类的生命质量并延长人类的寿命。

医药生物技术作为生物技术最主要的应用领域，是生物技术研究开发的热点，尤其是随着人类基因组计划的完成，功能基因组学、蛋白质组学等学科的进展，以及对各种功能基因在人体生理、生病及发病过程中所起作用的认识不断深化，利用功能基因寻求药物作用新靶点、通过转基因动物模型等都为药物研究提供了良好的机遇。目前，全球研制的生物技术药物已超过2400种，其中近2000种已进入临床试验，每年平均有3～4种新药或疫苗问世，广泛应用于癌症、肝炎、发育不良、糖尿病、囊纤维变性和一些遗传病的治疗。未来市场前景广阔的生物技术药物将集中在单克隆抗体药物、基因治疗药物、反义药物、可溶性蛋白质类药物和疫苗5个类别中。

（2）工业生物技术领域

21世纪，资源危机与环境压力迫使以往的生产模式必须进行彻底变革。着眼于发展环境友好、过程高效新模式的工业生物技术，有望担当起改造传统产业进而实现可持续发展的重任，在化工、生物能源、生物材料及生物质资源化方面发挥重大作用。一个全球性的产业革命正在朝着以碳水化合物为基础的经济发展。2006年5月，欧洲12个国家的16家研究机构决定开展ERA-IB项目，联合起来发展工业生物技术。同年9月，德国联邦教研部宣布将工业生物技术列为17项国家高新技术发展战略重点之一，并制订了“工业生物技术2021”发展规划。目前，酶的催化和转化是工业生物技术研究的重点；极端微生物、未培养微生物是最受关注的工业生物催化剂来源；定向进化技术已成为快速而廉价地发现各种新酶的强有力的方法；而数学模型、基因组学、蛋白质组学、代谢组学、基因敲除与敲入等多项技术手段的应用，将带来工业生物技术的全新面貌，传统的化工产品市场正逐渐被生物催化和生物转化的产品所取代。同时，工业生物技术还将使生物质成为可利用资源，农田作物有可能逐渐取代石油成为获得从燃料到塑料的所有物质的来源，“黑金”也许会被“绿金”所取代。科学家们预测：当今高分子化工的碳氢化合物时代将逐步让位于碳水化合物时代。

（3）农业生物技术领域

生物技术的发展已成为农业科技创新的源头动力。利用生物技术可以对生物遗传信息进行实验室操作，也可以在动物、植物、微生物等所有的物种间进行基因的转移和重组，由此创造出新品种。据国际农业生物技术应用中心

(ISAAA) 统计，全球已有大豆、玉米、棉花、油菜、番茄、马铃薯、烟草、西葫芦和番木瓜等 50 多种转基因植物产品被批准投入商品化生产。2005 年全世界转基因农作物种植面积已高达 9000 万公顷。从目前来看，农业生物技术的发展主要有两种趋势。一是农业基因工程的新技术和新方法研究仍然是 21 世纪发展的重点。近 10 多年来，转基因技术的一系列重大突破，为动植物基因工程的发展不断提供有效的新手段。新的遗传操作技术不断涌现，新的转基因技术也在区域不断完善或正在发展研究之中。二是对多基因控制的性状进行操作是未来关注的方向。利用生物工程改造物种或创造新物种的能力不仅是单基因而且是多基因所控制性状，限制性片段长度多态性分析（RFLP）技术，以及不断完善的基因克隆技术（如聚合酶链反应 PCR 技术）等将极大地帮助克隆目的基因，从而有望在产量、抗性、雌性不育等问题上获得突破。将基因动物作为“生物反应器”生产各种重要药物的产业化将成为现实。同时，农业生物技术还将为未来环境保护、实现农业可持续发展带来新的希望，如用工程植物和微生物清除环境污染物和土壤毒物已被公认取得显著成效。

（4）生物芯片技术领域

生物芯片技术是自 20 世纪 90 年代中期以来影响最深远的重大科技进展之一，是融微电子学、生物学、物理学、化学、计算机科学为一体的高度交叉的新技术。它通过设计不同的探针列阵与使用特定的分析方法，如基因表达谱系列测试、突变检测、多态性分析、基因组文库作图及杂交测序等，为基因功能的研究及现代医学科学及医学诊断学的发展提供了强有力的工具，在新基因的发现、基因诊断、药物筛选、给药个性化等方面获得重大突破。由于生物芯片技术今年来呈现出迅猛的发展势头，目前已经成为国际上生物技术领域研发的热点，引起全球科技界、政界和企业界的广泛关注，很多科研机构和跨国公司强强联手，加快了生物芯片研究和产业化的进程。从产品来看，目前基因芯片、蛋白质芯片、细胞芯片、组织芯片等发展较早，技术较为成熟的微阵列芯片已经大量进入实用阶段，微流体芯片等技术也正在逐渐成熟并开始应用于各个领域。

（5）干细胞技术领域

干细胞是人体及其各种组织细胞的最初来源，具有高度自我更新、高度增殖和多向分化潜能、可植入性和重建能力等特征。随着基因工程、胚胎工程、细胞工程等各种生物技术的快速发展，按照一定目的，在体外人工培养干细胞已成为可能，利用干细胞构建各种细胞、组织、器官作为移植器官的来源，将成为干细胞应用的主要方向。如果能成功诱导和调控体外培养的胚胎干细胞正常的分化，干细胞研究将会在体外研究人类胚胎的发生发育、非争产发育（通过改变细胞系的靶基因）、新人类基因的发现、药物筛选和致畸试验，以及作为组织移植、细胞治疗和基因治疗的细胞源等方面发挥重大作用。由于干细胞在生物学的前景日益显现，吸引了世界各国生物医学科学家和临床工作者积极投身于相关领域的研究。

（二）现有标准创制优势领域

目前，在生物工程及新医药技术产业领域，中关村科技园区内有北京百花蜂产品科技发展有限公司、北京厚生堂科技发展有限公司、北京康比特运动营养研究所、北京乐一生蜂胶生化高新技术有限责任公司、北京天恩生物工程高新技术研究所五家企业参加 TC，及 130 家左右的企业、科研单位参与国家标准的制订，主要是一些药品质量标准、医疗器械标准等。此外，康比特公司的“运动营养食品能量补充食品”、“蛋白质补充食品”、“能量控制食品”、“食用肌酸”四项运动营养食品标准，获得国家批准。由于医药产业领域标准创制的特殊性，企业拥有一类新药的数量更能体现自主创新的优势，因此从参与制订国家标准的企业和进入标准化试点的企业来看，中关村科技园区在生物工程及新医药技术产业领域的标准优势尚不够强。

（三）重点领域选择

（1）以疫苗、诊断试剂为主的生物技术标准的创制

国家在医药生物技术领域，重点支持的高新技术产业方向有“新型疫苗”、“基因工程药物”、“重大疾病的基因治疗”、“单克隆抗体系列产品与检测试剂”、“蛋白质/多肽/核酸类药物”、“生物芯片”、“生物技术加工天然药物”、“生物分离、装置、试剂及相关检测试剂”、“新生物技术”等。基于中关村科技园区聚集了众多的全国一流生物技术科研院所和大学，具有比较明显的技术创新优势，积极支持以科兴公司、外泰药业、百泰药业等公司为代表，技术创新活跃的园区生物技术企业，针对重大传染病防治的需要，以自主知识产权的新型疫苗、

生物诊断试剂和基因工程药物为核心，创制标准，推进新型高效疫苗、诊断试剂和基因药物的大规模应用。

(2) 中药、天然药物技术标准的创制和产业化推广应用

国家在中药、天然药物领域，重点支持的高新技术产业方向有“创新药物”、“中药新品种的开发”、“中药资源可持续利用”等。基于北京同仁堂科技等中药企业，以及北京丰富的中医药科技、教育创新资源，推进中药、天然药物技术标准的创制和产业化推广应用，鼓励技术含量高、具有显著北京中医药特色与优势的中药新药和天然药物产业化。重点以建立和完善中药、天然药物研发规范，加强中药材资源与生产的质量控制标准、安全监测标准，促进产业的技术创新。

五、先进制造技术

(一) 产业技术前瞻

先进制造技术（AMT）是制造业中将机械工程技术、电子信息技术、自动化技术、现代管理技术，以及材料技术等相关科技综合交融，应用于产品的计划、设计、准备、制造、加工、检测、管理、供销、物流、使用和售后服务的集成生产技术的总称。随着经济全球化进程的加快，先进制造技术呈现出新的发展趋势，可归纳为绿色制造、高新技术、信息化、极端制造四个方面。

根据科技部的预测，至2015年前后，在先进制造领域对我国产业发展最重要的核心技术主要集中在：高档数控机床及基础制造装备关键技术，数字化、智能化设计制造与管理技术，小于45纳米极大规模集成电路专用设备关键技术，微米/纳米制造技术，亿万千瓦级核电机组设计制造技术，流程工业绿色制造与自动化技术，节能轿车与新能源汽车技术，高速铁路成套装备设计制造技术，网络家电技术，网络制造技术，超临界和重型燃气轮发电设备设计制造技术，绿色制造技术，深海资源开发装备设计制造技术，关键基础件设计制造技术等方面。

根据重要性指数排序得到的结果，在先进制造领域前20位重要技术项目包括：高效节水农业装备关键技术，深海油气开发装备设计制造技术，小于45纳米极大规模集成电路专用设备关键技术，可再生资源和废弃物的综合利用技术，

亿万千瓦级核电机组设计制造技术，深海资源开发装备设计制造技术，新型智能传感器技术，高浓度有机工业废水组合处理系统，高速精密加工中心，60mW级超临界火电机组设计制造技术，时速300千米等级高速铁路成套技术，大型零部件成形及高效加工技术，重型燃气轮机联合循环发电设备关键技术，燃油汽车环保节能技术，废旧家电和汽车自动拆解、回收利用和再制造技术，整机和系统的可靠性技术，绿色设计技术，大型垃圾焚烧发电技术及成套装备，大型煤液化设备关键技术，超精密加工制造技术。

（二）现有标准创制优势领域

目前，在先进制造业领域，中关村科技园区内有北京克劳沃草业技术开发中心、北京林大林业科技股份有限公司、北京翎羽禽病防治技术开发有限公司3家企业参加了自动化技术领域的TC，1家公司（北京青云航空仪表有限公司）参加了激光技术领域的TC。

在自动化技术领域，有北京桑普生物化学技术有限公司、北京中棉机械成套设备有限公司等4家企业参与了国家标准的制订。

在激光技术领域，北京长空机械有限责任公司、北京航天测控技术开发公司2家企业参与了35项国家标准的制订。

在航天技术领域，有北京福田环保动力股份有限公司、北京国电华北电力工程有限公司、中能电力科技开发有限公司等12家企业参加了TC，北京国电华北电力工程有限公司、北京国电康能科技有限公司、中煤国际工程集团北京华宇工程有限公司等10家企业参与了国家标准的制订。

在海洋技术领域，有北京国电龙源环保工程有限公司等3家企业参加了TC，北京绿创声学工程股份有限公司、北京中关村国际环保产业促进中心有限公司等6家企业参与了国家标准的制订。

另外，北京凯恩帝数控技术有限责任公司有8项提案已被列入2008年国家标准项目计划；北京兆维科技股份有限公司有多功能纸币器、自助拍照售卡机、多功能自助服务终端等获得国家标准立项；同方威视技术股份有限公司参与起草完成的“辐射型集装箱检查系统”国家标准于2007年6月在IEC立项；北京起重运输机械研究所负责起草并已发布的国家标准及行业标准共计140多项。

（三）重点领域选择

（1）新型智能化传感技术中的标准创制与产业化推广应用。其中，以传感器网络标准的创制和产业化推广应用为重点

随着IT产业的推动，传感器成为发达国家发展最快的产业之一。由于传感器是制造过程中各种信息的源头，其测量精确度和稳定性对制造业的产品质量、生产效率、安全稳定运行和节能降耗都有很大影响。在IT产业的推动下，信息技术与制造技术的融合，为智能传感技术的发展提供了广泛的应用领域。

我国从20世纪60年代开始传感技术的研究与开发，经过从“六五”到“十五”的国家攻关，在传感器研究开发、设计、制造、可靠性改进等方面获得长足的进步，初步形成了传感器研究、开发、生产和应用的体系，并在数控机床攻关中取得了一批可喜的、为世界瞩目的发明专利，以及工况监控系统或仪器。目前，我国已经有1600多家企事业单位从事传感器的研制、开发、生产，敏感元件和传感器品种规格已经超过6000种。

国际上，美国、日本等发达国家的新型传感器技术处于领先地位。我国传感技术产品的市场竞争力优势尚未形成，产品的改进与革新速度慢，生产与应用系统的创新与改进少，不少传感器、信号处理和识别系统仍然依赖进口，测量精度在0.2%以下的金属电容传感器和扩散硅传感器的设计制造技术虽已掌握，但其他传感器核心部分均需要进口。

传感器网络标准是具有较强产业发展前景的“物联网”的基础。近日，经国家标准化管理委员会批准，全国信息技术标准化技术委员会在北京组建了中国传感器网国家标准工作组，意味着我国“物联网”标准初步建立。

（2）数字化设计制造与管理技术中的标准创制与产业化推广应用

随着信息技术的快速发展，数字化、智能化设计、制造与管理技术已成为产品性能和品质的重要保障，也是用信息化促进制造业技术进步的重要途径。21世纪初，发达国家的制造业将向数字化、智能化和系统化技术迈进，进入敏捷制造、绿色制造阶段。近10多年以来，由于国家各部门对已达6000余项的数字化、智能化设计、制造和管理的有关研究项目进行了支持，使得不少研究成果达到了国际先进水平，很多研究成果已经产品化和产业化，并在一大批制造企业中推广了信息化技术，初步形成了市场化的咨询和中介服务体系。但同国

外先进水平相比仍有很大差距，下一步将重点发展数字化、智能化设计、制造与管理技术。

制造业信息化技术在提高本国制造业的国际竞争能力，促进经济增长和提升国家综合实力方面可发挥重要的作用。我国经济的快速发展，与制造业信息化技术的发展密切相关。在我国制造业信息化建设中，网络、硬件等基础设施的配置水平与发达国家的差距较小，但信息资源开发利用滞后于网络建设，管理层和决策层的应用落后于运作层，另外也缺乏信息资源规划和信息数据标准化。

我国已通过6000余项与数字化、智能化设计、制造和管理有关的研究项目的实施，部分成果已达到国际先进水平。其中在共性关键技术研究中，已开发出三维CAD几何引擎及系列工具集，基于制造资源优化配置的制造过程管理系统，以及适合我国企业管理特点的支持企业信息化整体解决方案和网络化应用的新一代ERP系统。在关键技术产品中，国产ERP、三维CAD软件已经占据国内市场的主流，产业竞争力显著提高。目前，国家在此领域重点支持的高新技术产业方向有包括CAD/CAPP/CAM/PDM技术在内的数字化设计制造系统，现代集成制造系统应用软件、平台及工具，生产计划与实时优化调度系统/ERP管理软件，虚拟制造（VM）技术，网络制造系统等。

（3）高档数控机床设计制造技术中的标准和产业化推广应用

高档数控机床对一个国家的航空、航天、船舶、汽车、电站设备、模具等行业有着举足轻重的影响力，是装备制造业赖以生存和发展的基础。数控机床已成为柔性化制造系统和敏捷化制造系统的基础装备，系统化、复合化、结构开放化、高精度、高效、高柔性与清洁等特征是高档数控机床发展的主导趋势。

我国航空、航天、船舶、汽车、电站设备、模具等装备制造业的快速发展，对数控机床的发展提出了新的需求。由于我国接近70%的数控机床依赖进口，国内数控机床的潜在消费市场已逐渐形成，对数控机床的巨大需求将显著加快我国数控机床产业的发展，推动高档数控机床设计制造技术的不断成熟。

我国高档数控机床的研究与发展不断取得突破，已研制开发出一批“高、精、尖”重大数控设备，同时在高档数控机床关键技术研究方面，开发出5轴联动加工中心、6轴联动高速滚齿机、7轴联动数控弧齿锥齿轮磨齿机、数控冲剪复合柔性生产线等具有国际水平的高档数控机床新产品，在联动技术、复合加工技术、高速加工技术、精密和超精密加工技术的研究与应用方面都不同程度的取得了较大进展。此外，中档数控机床产业化进展顺利，网络化开放式数控系统、数字交流伺服驱动技术、可靠性增长技术、机床外观造型技术等方面成效显著。但是，当前工业发达国家数控机床发展已达到较高水平，其机床（含金切和成形机床）产值数控化率至少超过50%，产量数控化率至少超过20%。我国高性能数控机床的总体水平与国外先进水平相比仍有很大差距。我国大重型、高性能数控机床及超精密数控机床等高档数控机床的供给能力明显不足，不及德国、日本等国家同类产品产量的1/20，还没有真正形成产业化。另外，受高档数控系统和伺服驱动的一些关键技术的制约，我国数控机床的关键功能部件在性能、可靠性等方面不能满足主机配套需要；加工精度、刚度、速度等技术指标方面差距明显，造成几乎绝大部分的高档数控机床依赖进口的局面。目前，国家在此领域重点支持智能型开放式数控系统、伺服驱动、数控装备、数控编程软件和应用软件、数控加工、数控工艺在内的先进数控技术，中高档数控设备和关键功能部件及关键配套零部件技术等。

六、现代服务业

（一）产业技术前瞻

现代服务业的发展通过大规模利用信息和通信等现代科学技术作为基本手段，使商品和服务性贸易活动在空间和时间上被大大扩展。特别是网络技术、基础计算环境、智能技术和智能终端、智能标签等，正成为服务业拓展的新方向和新的综合支撑平台。随着我国市场化程度的提高、区域经济与高新技术产业的发展，正在逐步形成一个人才密集，知识密集，附加值高，支撑并服务于经济、产业和企业发展的高新技术服务体系，现代服务业在服务业未来发展格局中无疑将占据越来越重要的地位。

在现代服务业中，与中关村科技园区联系较为紧密、知识和人才相对密集的细分领域主要有以下三类：

一是信息服务业。由于信息技术的迅速发展和广泛渗透，在世界范围内信息的生产和利用已经达到相当社会化的程度，特别是基于网络技术的现代信息服务的产业集群化正成为信息服务业发展的总体趋势。根据产业性质，信息服务业领域可以分为网络基础服务业、现代交易服务业、专业服务业和公共服务业四类。网络基础服务业是所有信息服务的基础，营造交易服务环境的现代交易服务处于中心位置，公共服务延伸信息服务业的各个环节，专业服务则为信息服务业提供必要的技术支撑。

因此，未来中国应该有选择、有重点地在为生产和市场服务、为生活和消费服务，以及为大众和公共服务的领域加快信息技术的应用，提高这些服务领域的信息化和现代化水平。重点发展先进的信息网络综合平台，推动电子商务、电子政务、远程医疗、数字文化进一步发展成为服务领域未来发展的重要趋势，其中包括建立农村信息通信示范网，建立国家防灾减灾、环境保护的公共信息服务平台，实现高效便捷的远程医疗服务体系等方面。此外，面向行业应用的软件服务，包括服装纺织CAD、工业自动化控制；面向产品研发的设计智能化系统及工业生产过程的自动化系统；面向企业管理的软件服务，如大、中型企业财务软件、CRM（客户关系管理）软件、ERP（企业资源规划）软件等都将是未来重要的应用领域。为此，为信息服务提供支撑的新一代技术也将成为重点发展的方向，包括宽带无线移动通信技术、下一代网络技术（NGN）、物联网（Internet of things）技术、高可信软件技术、高效能计算技术和数字电视（DTV）技术。

二是知识服务业。知识服务业是以专业化的知识为依托，为社会提供技术扩散、成果转化、科技评估、创新资源配置、创新决策和各类咨询等专业化服务的新兴业态，属于知识密集型服务业。知识服务业大致包括三种服务：①研究开发服务，包括自然科学研究和实验、工程技术开发和技术成果转化等服务；②专业技术服务，包括技术检测、环境监测、测绘服务、气象预测等一些专业性很强的服务；③技术成果交流、推广和产业化服务，包括技术成果交易市场、高新技术风险投资平台、企业孵化器等服务。

近年来所提倡的“创意产业”，从其本质上说也是一种知识服务业。创意产业指的是凝结一定程度的知识产权，并传递象征性意义的创造性产品和服务的生产、扩散、聚合体系，其范围包括视觉、文学、音乐、表演、造型艺术等方面，涉及的行业包括传媒业、唱片业、电影业、广告业、设计业等。据统计，目前全世界创意产业每天创造的产值高达220亿美元，并正以年增长5%的速度递增，在创意产业发达的国家，增长速度更快，如美国的年增长速度达到14%，英国达到12%。

三是高新技术生产服务业。服务业对于国民经济而言，具有“黏合剂”的功能，而作为服务业精髓的现代生产性服务业的作用则更为重要。生产过程中的高新技术服务业可以为劳动和物质资本带来更高的效率，另一方面也是企业之间进行非价格竞争的重要手段，对产品价值增值起着关键性作用。大体说来，高新技术生产服务也可以分为围绕制造业展开的生产服务和围绕资源展开的公共型生产服务。

大多数的高新技术生产服务业是围绕制造业展开的，制造业的整个过程，包括产品研发、运输和存储、财务和销售等所有环节都伴生服务需求，制造业的服务投入大量增加，尤其是近10年来很多制造业的投入构成发生了变化，服务投入的增长速度快于实物投入的增长速度。另一方面，制造业的功能也日趋服务化，服务需求引导产品创新，并且提供技术变革的解决方案，此外随同产品一同出售的还有知识和技术服务，这在家电行业尤其明显。围绕制造业的生产性服务业大体可分为三部分：一是新材料开发，包括新材料基础研究开发服务、性能测试及控制系统和技术中试放大平台；二是关键部件设计开发，如发动机、数控系统等核心部件的研究开发设计服务平台；三是重大技术装备的总体设计、成套集成和系统服务平台。

此外，围绕资源节约和环境保护的公共型生产服务业也是高新技术服务业的重要领域，其中包括资源、环境监控与诊断平台，环境污染治理服务和专业化环保设施运营服务等。目前从国外引进的环保第三方运营模式（public private partnerships for urban environment，PPPUE）通过促进公共部门与私人部门的合作，可以帮助解决一些紧迫的环境问题，改善当地居民的生活条件，这也是服务模式的一种创新。

（二）现代服务业领域标准战略重点选择

（1）数字出版标准的创制与推广应用

目前，在中国的数字出版领域，数字出版行业没有通用的标准和格式，方正、书生、超星、Adobe、知网等各自都有一套格式，已经成为行业发展的一个障碍。国家相关部门已经组织成立了数字出版标准工作组，正在开展相关标准的制订工作，方正阿帕比公司也参与其中。

（2）以具有自主知识产权的现代物流技术、集成电路产品专有设计技术、文化创意产业支撑技术为主的标准创制与推广应用

重点支持具备自主知识产权的现代物流管理系统或平台技术、供应链管理系统或平台技术等现代物流技术；专业化集成电路产品设计、测试和芯片加工、封装技术等集成电路产品专有设计技术；终端播放技术、后台服务和运营管理平台支撑技术、内容制作技术（虚拟现实、三维重构等）、移动通信服务技术等文化创意产业支撑技术的标准创制与推广应用。

（3）电子商务和电子政务的网络服务平台技术标准的创制与推广应用

重点支持电子商务和电子政务中的基础设施、信用和安全认证体系，数据交换中心、数字认证中心等在线服务平台，第三方交易与服务平台的技术标准创制与推广应用。

第四节　中关村科技园区标准化战略措施与建议

在确立了标准化发展战略的指导思想，明确了战略目标和战略选择，确定了战略任务和发展重点之后，为了保证战略顺利有效的实施，必须规划战略实施的具体措施。战略实施的过程，就是通过采取相应的措施，实现战略任务，达到战略目标的过程。

一、建立标准化推进协调机制

针对中关村科技园区标准化工作推进机制不健全、标准化服务支撑机构缺乏、各项标准化工作落实渠道不畅等问题，应建立由中关村管委会，北京市质监局，科技、产业、知识产权等相关职能部门联合推进园区标准化工作的协调机制，激励不同领域的利益主体一致行动，形成推动中关村标准化工作的合力。中关村科技园区应成立一个执行力强的标准化工作推进协调机构，确保推动标准化工作的有效开展。标准化工作推进协调机构负责制订适合园区企业开展标

准化工作的规章、条例，为园区标准化的发展和标准化活动的顺利开展提供一个良好的法律和政策环境。

标准化工作推进协调机构的正、副主任由中关村管委会主管产业和技术的副主任和北京市质监局主管标准的副局长担任，成员由北京市质监局，国家发展和改革委员会，科技、产业、商业、知识产权等相关委办局的标准负责人、产业协会代表、企业代表等组成，以保证协调机构的权威性和执行力。标准化工作推进协调机构办公室设在中关村管委会，负责协调机构的日常工作及相关协调工作。各区（县）质量技术监督局、中关村所辖各园区管委会要加强对标准化工作的领导，制订相应的政策和措施，成立对应的领导机构。科技、产业、商业和相关职能部门要切实履行职责，确保实施标准化战略的发展规划、资金支持和科技奖励得到落实。

标准化工作推进协调机构的职责应包括：根据中关村科技园区标准化发展战略制订年度标准化实施计划和重大项目规划，处理好与其他科技规划的关系，并负责组织各部门对标准化项目的落实、实施、评价和反馈；推动并指导企业，特别是重点企业和科技创新型企业，根据行业特点和自身的技术优势，制订并实施标准化战略，提升企业竞争力；搭建一个持续、有效的标准化交流与合作平台，吸引园区企业参加，使之取长补短，推进企业标准化工作的深入开展；为标准中知识产权政策的实施提供专业性技术支持，协调解决标准制订实施过程中涉及的知识产权问题；建立园区标准发展跟踪报告机制，定期发布园区标准化动态，每年发布中关村科技园区标准发展报告，为企业和政府提供准确的标准发展趋势；促进企业标准化培训等。标准化工作推进协调机构应切实做好标准化服务和支撑工作，为提升园区企业标准化水平，优化产业结构保驾护航。

二、加快标准化人才队伍建设

逐步建立完善重点产业领域的标准化专家队伍和人才队伍，满足中关村科技园区实施标准战略对人才的需求。加大对技术标准人才引进和培养的力度，将标准化专业人才列为园区重点引进人才对象，完善标准化人才教育培训体系，在中关村科技园区培养一支高、中、基层人才相结合的标准化人才梯队。

（一）大力引进重点领域亟需的高层次标准化人才

根据中关村科技园区的重点发展领域和需求，坚持培养与引进并重，将标准化专业人才列入园区重点引进人才目录，重点引进一批园区重点发展领域急需的国际型、复合型标准化人才，提高园区企业参与国际标准化活动的能力，增强园区的国际竞争力。

加快园区标准化专家库的建设，积极吸纳园区企业、社会组织和科研院所的标准化专家，使专家库的专家技术领域基本覆盖中关村科技园区的重点发展领域，为园区企业的标准化工作提供专家咨询和指导；并积极推荐和鼓励试点企业的标准化专家参与国际、国内的标准化活动，扩大中关村科技园区标准化专家的影响，增加园区企业在国际、国内标准化活动的话语权。

（二）逐步完善园区的标准化知识的普及与培训体系

紧密跟踪最新的标准化政策、动态信息和企业人员实际需求，围绕标准化知识普及、标准编制、企业标准体系建设、企业参与国际标准化活动指南等内容，针对不同层次和需求的人员，实施多层次标准化知识普及与培训活动，全面提高社会的标准化意识和企业技术人员的标准化能力。

第一，实施标准化知识普及工程。大力加强标准化知识的普及和宣传工作，提高园区企业标准化意识，培养充分利用标准的观念。利用电视、广播、报刊、网络等各种媒体，以及“质量月”和“世界标准日”的机会，广泛宣传标准化知识，增进公众对标准化事业的了解，提高园区企业负责人、管理人员，以及普通员工的标准化意识。

充分利用园区内高校、科研院所高度集聚的优势，联合教育主管部门，实施以企业、高等院校和科研院所为重点的标准化人才培养计划。争取在园区内的一些高校开设标准化硕士、博士研究班，在工科院校为大学生开设标准化基础知识的选修课，逐步扩大开设标准化类课程的覆盖面，重点培养一批既掌握标准化专业知识，又熟悉专业技术、精通外语、了解国际规则、懂得国家政策和产业发展战略的国际标准化人才，直接服务于园区重点产业领域发展。

第二，实施标准化人才培训计划。针对企业标准制（修）订工作和标准体系建设等的实际需求，以标准编写、企业标准体系建设、企业标准化良好行为要求等为主要内容，邀请有关专业标准化技术委员会秘书长、标准主要起草人和专家为企业的技术人员和管理人员开展标准化培训，以提高企业技术人员和管理人员的标准信息检索、分析和利用能力。

针对园区管委工作人员、中介机构和企业高层管理人员的工作特点，策划有针对性的标准化宣传培训计划，组织国内外有关专家开办培训课程，充分运用标准化典型案例进行研讨、指导和培训，增强政府工作人员和企业高层管理人员的标准化意识，提高政府和企业运用标准化手段来提升管理和服务水平的能力。

三、建立标准评估和资助机制

（一）设立标准化活动专项资助基金

建立健全标准化活动专项资助机制，形成标准化投入与财政收入和经济增长规模相匹配的投入机制，充分发挥财政资金的杠杆作用和引导作用。积极引导和鼓励企业、社会加大对标准化活动的投入，建立和完善标准化多元化投入机制。

标准化活动专项基金应从中关村科技园区发展专项资金中列支，并按照年度预算进行安排。同时，为了规范专项基金的合理使用与管理，应制订包含基金使用方向、申报条件、申报程序、评审规则及监管验收等内容的基金管理办法，提高专项基金使用的针对性和有效性。

标准化活动专项基金应对中关村科技园区企业参与国际、国家、行业、地方标准和联盟标准的制（修）订活动给予资助和支持，特别要鼓励园区企业提出或承担国际标准、国家标准的起草工作，鼓励拥有核心技术的企业联合制订联盟标准，以推动整个产业链的发展。

（二）建立标准评估机制，提升资助效益

为了充分发挥标准化活动专项资助基金的效用，应成立标准评估专家委员会，负责对本领域企业申报的标准项目进行专业评议，对园区产业发展具有明显促进作用的标准创制项目，包括自主技术标准创制、联盟标准创制、国际标准或国家标准的起草等项目，要给予重点关注。由主管部门相关领导或标准化专家任该委员会的主任，科研机构、行业协会、主管部门、典型企业等部门（单位）的专家代表作为委员。对于专项基金的投资方向，要重点保障对园区产业发展具有显著促进作用的标准化项目，以及完善园区产业链，特别是属于园

区鼓励发展的重点产业链关键环节的标准化项目；优先支持企业研制具有自主知识产权的标准所必需的前期预研和实验验证，以及企业对产业技术联盟标准的研制；加大对参与国际标准制（修）订、承担国际标准化技术组织秘书处和领导职务的企业、科研机构的资助，引导园区企业参与国家、国际标准化活动。

建立标准项目的实施效果跟踪评价机制，对于专项基金资助的标准项目，要持续跟踪项目的进展情况及标准的实施效果，定期对项目执行情况进行评估，并根据评估结果，调整项目资助额度，以保证专项资金使用效果。

四、完善标准化支撑服务体系

（一）建设完善标准信息公共服务平台

中关村科技园区虽然已经搭建了“中关村高新技术产业标准化示范区服务平台”，但随着国家对标准化工作的日益重视，社会和企业的标准化意识越来越强，标准对高新技术产业发展影响越来越大，中关村科技园区企业参与标准化活动日益增多、参与程度越来越深，现有的服务平台已经不能满足实际需求。不仅需要建设一个内容齐全、信息更新及时、服务高效、方便快捷的标准信息平台，也需要构建一个可提供标准信息分析、技术发展预测、标准实施效果评价等深层次标准信息服务平台，标准信息服务能力应随着中关村科技园区企业对标准需求的增长而逐步提高。

在标准信息公共服务平台中，不仅要具有基本的标准信息服务功能，还应提供标准化统计分析功能。根据园区产业发展的需求，对国家标准、行业标准、地方标准、联盟标准、企业标准数据进行实时统计、分析和发布，建立持续、开放的标准统计分析机制，为政府、企业提供高附加值的标准服务。加强对标准技术内容和指标的分析，统计园区企业参与标准的类型和数量变化趋势，掌握国际、国家标准的发展趋势，以指导园区产业技术的发展。此外，加大标准资源采购、更新和电子化的力度，完善服务设施，提高服务效率，构建起集标准采集、加工、研究、培训、服务、交流于一体的标准信息公共服务平台，使其成为园区技术标准创新孵化基地，为企业实施自主创新，开拓国际、国内市场提供快捷有效的标准信息技术支持。

为更好地发挥标准化统计信息在制订中关村科技园区科技和产业政策中的

重要作用，应加强园区标准化统计工作，提高统计工作的科学性、准确性和权威性，确保标准化统计数据完整、真实、及时。

（二）培育发展标准化中介服务机构

园区应进一步培育和发展标准研究、咨询、服务、检测、认证等中介服务机构，推动标准化服务的市场化、产业化经营；规范认证市场，推进认证产业做大做强；充分发挥行业协会在标准化工作中的作用，鼓励和支持协会制订在本行业内遵守的协会标准，代表或组织本行业企业参与国际、国家标准的制订；鼓励和培育中立的标准中知识产权评价机构，对标准中涉及的专利、商标、版权等知识产权进行公平、公正的评估，为标准的制定、推广、知识产权交叉许可等事项提供咨询和技术支持。

五、发挥标准创新试点的带动作用

做好中关村国家自主创新示范区标准创新试点工作是实施标准化战略、增强企业自主创新能力和促进高新技术产业发展的重要举措，应充分发挥试点示范先行的优势，以点带面，进而全面推进中关村科技园区的标准化工作有效开展。

园区应有针对性的集中发展一批有影响力、有代表性、分属不同产业的试点企业、产业联盟和标准化项目，以政策保障、组织推进、资金投入、人员支持、服务体系为保障，大力推进试点企业、产业联盟或典型项目在标准研制、标准实施、科技研发与标准研制协调发展等方面的示范作用；总结并宣传推广成功的经验与成果，不断扩大典型标准项目的影响和辐射作用，进而全面推进中关村科技园区标准化战略的实施。

参考文献

国家技术前瞻研究组．2006．中国技术前瞻报告（2005－2006）．北京：科学技术文献出版社

技术预测与国家关键技术选择研究组．2005．中国技术前瞻报告（2003）．北京：科学技术文献出版社

科学技术部办公厅，国务院发展研究中心国际技术经济研究所．2009．世界前沿技术发展报告（2008）．北京：科学出版社

克努特·布林德．2006．标准经济学——理论、证据与政策．高鹤，杜邢晔，牟俊霖等译．北京：中国标准出版社

赖磊，王济干．2006．基础模块化理论的产业集群创新能力研究．科技管理研究，2：85～90

李春田．2005．标准化概论．第四版．北京：中国人民大学出版社

李春田．2008．模块化研究．北京：中国标准出版社

李贵宝，窦以松，肖新民等．2004．技术标准与科技研发协调发展战略研究（三）——技术标准促进科技成果有效转化为生产力策略研究．水利技术监督，5：9～15

李庆满．2009．产业集群条件下技术标准联盟形成的动因探析．中国市场，28：12～14

孙耀吾，曾德明．2005．技术标准合作：高技术企业集群创新研究的新视角．财经理论与实践，26：89～93

张辉．2007．全球价值链下北京产业升级研究．北京：北京大学出版社

张平，马骁．2005．标准化与知识产权战略．第2版．北京：知识产权出版社

中关村科技园区管理委员会．2007．中关村产业发展报告（2007）．（内部资料）

中关村科技园区管理委员会．2008．中关村产业发展报告（2008）．（内部资料）

中国标准化研究院．2007．2007中国标准化发展研究报告．北京：中国标准出版社

中国标准化研究院．2009．2008中国标准化发展研究报告．北京：中国标准出版社

中国科学院．2009．科技革命与中国的现代化：关于中国面向2050年科技发展战略的思考．北京：科学出版社

附 录

附录一 中关村科技园区企业参与起草国家标准情况一览表

序号	参与企业名称	所属技术领域	参与国家标准数/项
1	机械科学研究总院	先进制造技术	805
2	中机生产力促进中心	电子与信息技术	471
3	钢铁研究总院	新材料及应用技术	313
4	北京有色金属研究总院	新材料及应用技术	206
5	中国农业机械化科学研究院	先进制造技术	175
6	石油化工科学研究院科技开发咨询公司	其他	174
7	北京机械工业自动化研究所	先进制造技术	139
8	北京起重运输机械研究所	先进制造技术	114
9	中国电力科学研究院	电子与信息技术	76
10	北京矿冶研究总院	新材料及应用技术	68
11	北京市劳保所科技发展公司	环境保护技术	64
12	中国皮革和制鞋工业研究院	新材料及应用技术	33
13	北京四方继保自动化股份有限公司	电子与信息技术	25
14	中国电子信息产业集团公司	电子与信息技术	24
15	北京市粉末冶金研究所有限责任公司	新材料及应用技术	21
16	中冶集团建筑研究总院	新材料及应用技术	21
17	中国建筑材料检验认证中心	新材料及应用技术	19
18	中国钢研科技集团公司	新材料及应用技术	17
19	中冶京城工程技术有限公司	先进制造技术	17
20	北京中材人工晶体有限公司	新材料及应用技术	15

续表

序号	参与企业名称	所属技术领域	参与国家标准数/项
21	中国电子工程设计院	其他	15
22	国电华北电力有限公司	新能源与高效节能技术	13
23	北京荧屏技术公司	电子与信息技术	10
24	中国国际电子商务有限公司	电子与信息技术	10
25	北京中交国科物流技术发展有限公司	电子与信息技术	9
26	北京市汽车研究所	环境保护技术	8
27	北京北大方正电子有限公司	电子与信息技术	7
28	北京宽网社区数字化建设有限公司	电子与信息技术	7
29	中国标准技术开发公司	其他	7
30	北京国电康能科技有限公司	新能源与高效节能技术	6
31	中国恩菲工程技术有限公司	新能源与高效节能技术	6
32	中国有色工程设计研究总院	新材料及应用技术	6
33	中煤国际工程集团北京华宇工程有限公司	新能源与高效节能技术	6
34	北京北分瑞利分析仪器（集团）有限责任公司	先进制造技术	5
35	北京变压器厂有限公司	电子与信息技术	5
36	北京发那科机电有限公司	电子与信息技术	5
37	北京联视神盾安防技术有限公司	电子与信息技术	5
38	北京全路通信信号研究设计院	电子与信息技术	5
39	大唐电信科技股份有限公司	电子与信息技术	5
40	联想控股有限公司	电子与信息技术	5
41	中国铁路工程总公司	其他	5
42	北京计算机一厂	电子与信息技术	4
43	北京清华阳光能源开发有限责任公司	新能源与高效节能技术	4
44	北京市三一重机有限公司	先进制造技术	4
45	北京松下照明光源有限公司	新能源与高效节能技术	4
46	北京天山新材料技术有限责任公司	新材料及应用技术	4
47	北京握奇智能科技有限公司	电子与信息技术	4
48	北京长空机械有限责任公司	航空航天技术	4
49	北京知识安全工程中心	电子与信息技术	4
50	北京中交华安科技有限公司	其他	4
51	北京中科网威信息技术有限公司	电子与信息技术	4
52	威世达通信控制技术(北京)有限公司	电子与信息技术	4
53	远大空调有限公司	先进制造技术	4
54	中国石油集团工程设计有限责任公司	其他	4
55	北京爱劳高科技有限公司	先进制造技术	3
56	北京北大正元科技有限公司	其他	3
57	北京北冶功能材料有限公司	新材料及应用技术	3
58	北京毕捷电机股份有限公司	其他	3

续表

序号	参与企业名称	所属技术领域	参与国家标准数/项
59	北京氦普北分气体工业有限公司	其他	3
60	北京和利时电机技术有限公司	先进制造技术	3
61	北京华控技术有限责任公司	电子与信息技术	3
62	北京华明电光源工业有限责任公司	新能源与高效节能技术	3
63	北京华泰变压器有限公司	新能源与高效节能技术	3
64	北京桑普生物化学技术有限公司	现代农业技术动植物优良品种	3
65	北京亚都科技股份有限公司	电子与信息技术	3
66	北京永泰和金属防腐技术有限公司	新材料及应用技术	3
67	北京中兵北方环境科技发展有限责任公司	环境保护技术	3
68	北新建材(集团)有限公司	新材料及应用技术	3
69	摩托罗拉(中国)技术有限公司	电子与信息技术	3
70	有研亿金新材料股份有限公司	新材料及应用技术	3
71	中储物流在线有限责任公司	电子与信息技术	3
72	中国服装股份有限公司	新材料及应用技术	3
73	北京布莱迪仪器仪表有限公司	先进制造技术	2
74	北京东方孚德技术发展中心	先进制造技术	2
75	北京伏尔特技术有限公司	先进制造技术	2
76	北京国电华北电力工程有限公司	新能源与高效节能技术	2
77	北京红旗中文贰仟软件技术有限公司	电子与信息技术	2
78	北京建研机械科技有限公司	先进制造技术	2
79	北京锦绣大地农业股份有限公司	现代农业技术动植物优良品种	2
80	北京凯恩帝数控技术有限责任公司	先进制造技术	2
81	北京利亚德电子科技有限公司	电子与信息技术	2
82	北京绿创声学工程股份有限公司	环境保护技术	2
83	北京赛德高科铁道电气科技有限责任公司	先进制造技术	2
84	北京声迅电子有限公司	电子与信息技术	2
85	北京市丰台区榆树庄构件厂	先进制造技术	2
86	北京市太阳能研究所有限公司	新能源与高效节能技术	2
87	北京思乐信息技术有限公司	电子与信息技术	2
88	北京四通智能交通系统集成有限公司	电子与信息技术	2
89	北京四维图新导航信息技术有限公司	电子与信息技术	2
90	北京突破电气有限公司	电子与信息技术	2
91	北京万源金德汽车密封制品有限公司	其他	2
92	北京网路畅想科技发展有限公司	电子与信息技术	2
93	北京维泰凯信新技术有限公司	新材料及应用技术	2
94	北京中标国安防伪技术公司	新材料及应用技术	2

续表

序号	参与企业名称	所属技术领域	参与国家标准数/项
95	北京中科科仪技术发展有限责任公司	先进制造技术	2
96	大唐电信科技产业控股有限公司	电子与信息技术	2
97	东方惠科防伪技术有限责任公司	其他	2
98	华信技术检验有限公司	其他	2
99	华旭金卡股份有限公司	电子与信息技术	2
100	机械科学研究总院先进制造技术研究中心	先进制造技术	2
101	联想（北京）有限公司	电子与信息技术	2
102	首都信息发展股份有限公司	电子与信息技术	2
103	烁光特晶科技术有限公司	新材料及应用技术	2
104	太极计算机股份有限公司	电子与信息技术	2
105	中国华大集成电路设计集团有限公司	电子与信息技术	2
106	中国中铁股份有限公司	其他	2
107	紫光股份有限公司	电子与信息技术	2
108	SMC（中国）有限公司	先进制造技术	1
109	爱协林热处理系统（北京）有限公司	先进制造技术	1
110	安捷伦科技有限公司	先进制造技术	1
111	北京北电科林电子有限公司	电子与信息技术	1
112	北京北分麦哈克分析仪器有限公司	先进制造技术	1
113	北京北开电气股份有限公司	其他	1
114	北京北控三兴信息技术有限公司	电子与信息技术	1
115	北京标杆网络技术有限公司	电子与信息技术	1
116	北京电力工程公司	新材料及应用技术	1
117	北京动力源科技股份有限公司	电子与信息技术	1
118	北京飞驰绿能电源技术有限责任公司	新能源与高效节能技术	1
119	北京复康健力制药有限公司	其他	1
120	北京国金恒信管理体系认证有限公司	电子与信息技术	1
121	北京国研网信息有限公司	电子与信息技术	1
122	北京海淀普惠机电技术开发公司	先进制造技术	1
123	北京行者多媒体科技有限公司	电子与信息技术	1
124	北京合康亿盛科技有限公司	新能源与高效节能技术	1
125	北京彗光半导体照明科技有限公司	新能源与高效节能技术	1
126	北京计科地源热泵科技有限公司	新能源与高效节能技术	1
127	北京嘉捷恒信能源技术有限责任公司	先进制造技术	1
128	北京建筑材料科学研究总院有限公司	新材料及应用技术	1
129	北京杰安泰无损检测技术有限公司	先进制造技术	1
130	北京金易格幕墙装饰工程有限责任公司	新能源与高效节能技术	1
131	北京金远见电脑技术有限公司	电子与信息技术	1
132	北京京诚嘉宇环境科技有限公司	环境保护技术	1
133	北京九城数码科技有限公司	电子与信息技术	1

续表

序号	参与企业名称	所属技术领域	参与国家标准数/项
134	北京凯盛建研建材工程设计有限责任公司	新能源与高效节能技术	1
135	北京蓝道尔辐射监测技术有限公司	核应用技术	1
136	北京乐普四方方圆科技股份有限公司	新能源与高效节能技术	1
137	北京联想软件有限公司	电子与信息技术	1
138	北京龙道信息技术有限公司	电子与信息技术	1
139	北京隆源自动成型系统有限公司	先进制造技术	1
140	北京绿伞化学有限公司	新材料及应用技术	1
141	北京明天智光科技有限公司	新材料及应用技术	1
142	北京欧地安电子工业科技有限公司	其他	1
143	北京帕克国际工程咨询有限公司	电子与信息技术	1
144	北京启明星辰信息技术有限公司	电子与信息技术	1
145	北京清能创新科技有限公司	先进制造技术	1
146	北京人大金仓信息技术股份有限公司	电子与信息技术	1
147	北京赛思瑞泰科技有限公司	电子与信息技术	1
148	北京赛特瑞科技发展有限公司	新材料及应用技术	1
149	北京神州网信科技有限责任公司	电子与信息技术	1
150	北京市海淀中元微型仪器公司	先进制造技术	1
151	北京世纪静业噪声振动控制技术有限公司	环境保护技术	1
152	北京世纪维他营养保健品有限公司	其他	1
153	北京市商业机械研究所	其他	1
154	北京市太极肯思捷信息系统咨询有限公司	电子与信息技术	1
155	北京书生电子技术有限公司	电子与信息技术	1
156	北京斯泰普产品数据技术中心	电子与信息技术	1
157	北京泰宁科创科技有限公司	先进制造技术	1
158	北京天宁亿赫管路系统设备有限公司	其他	1
159	北京同方洁净技术有限公司	新能源与高效节能技术	1
160	北京同方信息安全技术股份有限公司	电子与信息技术	1
161	北京拓盛电子科技有限公司	电子与信息技术	1
162	北京万东医疗装备股份有限公司	先进制造技术	1
163	北京网联直流工程技术有限公司	新能源与高效节能技术	1
164	北京维信诺科技有限公司	电子与信息技术	1
165	北京现代建筑材料有限责任公司	新材料及应用技术	1
166	北京鑫万佳科技发展有限公司	电子与信息技术	1
167	北京伊飒尔界面设计有限公司	电子与信息技术	1
168	北京英泰赛福软件技术有限公司	电子与信息技术	1
169	北京英特莱科技有限公司	新材料及应用技术	1
170	北京宇航时代科技发展有限公司	电子与信息技术	1

续表

序号	参与企业名称	所属技术领域	参与国家标准数/项
171	北京源德生物医学工程有限公司	生物工程和新医药技术	1
172	北京长征高科技公司	先进制造技术	1
173	北京正禾阳光节能科技有限公司	新能源与高效节能技术	1
174	北京中标方圆防伪技术集团	新材料及应用技术	1
175	北京中关村国际环保产业促进中心有限公司	环境保护技术	1
176	北京中交协物流研究院	电子与信息技术	1
177	北京中棉机械成套设备有限公司	现代农业技术动植物优良品种	1
178	汉王科技股份有限公司	电子与信息技术	1
179	华瑞科力恒（北京）科技有限公司	先进制造技术	1
180	建研科技股份有限公司	电子与信息技术	1
181	经纬纺织机械股份有限公司	其他	1
182	浪潮（北京）电子信息产业有限公司	电子与信息技术	1
183	思博伦通信科技（北京）有限公司	电子与信息技术	1
184	四方电气（集团）有限公司	电子与信息技术	1
185	松下电器研究开发（中国）有限公司	电子与信息技术	1
186	泰尔文特布鲁盾高新技术（北京）有限公司	其他	1
187	同方威视技术股份有限公司	核应用技术	1
188	维恩克材料技术（北京）有限公司	新材料及应用技术	1
189	兴唐通信科技有限公司	电子与信息技术	1
190	有研稀土新材料股份有限公司	新材料及应用技术	1
191	原子高科股份有限公司	核应用技术	1
192	中国电力工程顾问集团公司	新能源与高效节能技术	1
193	中国蓝星（集团）总公司	新材料及应用技术	1
194	中国人民银行印制科学技术研究所	先进制造技术	1
195	中交水运规划设计院有限公司	海洋工程技术	1
196	中商集团经济合作有限公司	生物工程和新医药技术	1
197	中食恒信（北京）质量认证中心有限公司	电子与信息技术	1

附录二　中关村科技园区企业参与起草行业标准情况一览表

序号	参与企业名称	所属技术领域	参与行业标准数/项
1	石油化工科学研究院	其他	298
2	中国农业机械化科学研究院	先进制造技术	271
3	北京起重运输机械研究所	先进制造技术	108
4	中国电力科学研究院	电子与信息技术	64
5	北京机械工业自动化研究所	先进制造技术	44
6	中国皮革和制鞋工业研究院	新材料及应用技术	37
7	北京京安丹灵科技有限责任公司	电子与信息技术	32
8	机械科学研究总院	先进制造技术	32
9	中国石油集团	其他	31
10	北京市粉末冶金研究所有限责任公司	新材料及应用技术	29
11	北京市建筑工程研究院	其他	29
12	中国建筑科学研究院	其他	27
13	中交水运规划设计院有限公司	海洋工程技术	20
14	中国铁路工程总公司	其他	18
15	中国建材装备有限公司	先进制造技术	14
16	中海石油基地集团有限责任公司	海洋工程技术	14
17	北京有色金属研究总院	新材料及应用技术	12
18	华北电力科学研究院有限责任公司	先进制造技术	12
19	国电华北电力有限公司	新能源与高效节能技术	12
20	钢铁研究总院	新材料及应用技术	11
21	北京市劳保所科技发展公司	环境保护技术	11
22	北京牡丹电子集团公司	电子与信息技术	10
23	北京航天万达高技术开发中心	先进制造技术	10
24	北京中建建筑科学研究院有限公司	其他	9
25	经纬纺织机械股份有限公司	其他	9
26	中国卫星通信集团公司	电子与信息技术	8
27	中冶集团建筑研究总院	新材料及应用技术	8
28	国电电力发展股份有限公司北京分公司	新能源与高效节能技术	7
29	北新建材（集团）有限公司	新材料及应用技术	6
30	北京万源金德汽车密封制品有限公司	其他	6
31	北京北大高科指纹技术有限公司	电子与信息技术	5
32	北京变压器厂有限公司	电子与信息技术	5
33	北京东方金指科技有限公司	电子与信息技术	5

续表

序号	参与企业名称	所属技术领域	参与行业标准数/项
34	北京计算机一厂	电子与信息技术	5
35	北京联视神盾安防技术有限公司	电子与信息技术	5
36	北京四方继保自动化股份有限公司	电子与信息技术	5
37	北京兆维电子(集团)有限责任公司	电子与信息技术	5
38	北京矿冶研究总院	新材料及应用技术	5
39	北京国通创安信息技术有限公司	电子与信息技术	4
40	北京中盾安全技术开发公司	电子与信息技术	4
41	北京航天长峰股份有限公司	先进制造技术	4
42	北京青云航空仪表有限公司	航空航天技术	4
43	北京振利高新技术有限公司	新能源与高效节能技术	4
44	华能国电（北京）科技有限公司	新能源与高效节能技术	4
45	北京市平和机器制造公司	其他	4
46	中国电子工程设计院	其他	4
47	北京海鑫科金高科技股份有限公司	电子与信息技术	3
48	北京神州天鸿科技有限公司	电子与信息技术	3
49	北京数字政通科技有限公司	电子与信息技术	3
50	北京中科网威信息技术有限公司	电子与信息技术	3
51	清华同方光盘电子出版社	电子与信息技术	3
52	中机生产力促进中心	电子与信息技术	3
53	中国纺织工业设计院	新材料及应用技术	3
54	婷美集团保健科技有限公司	新材料及应用技术	3
55	北京布莱迪仪器仪表有限公司	先进制造技术	3
56	蓝星环境工程有限公司	新能源与高效节能技术	3
57	中能电力科技开发有限公司	新能源与高效节能技术	3
58	中国电力工程顾问集团公司	新能源与高效节能技术	3
59	北京绿创环保设备股份有限公司	环境保护技术	3
60	北京长征天民高科技有限公司	其他	3
61	北京北广电子集团有限责任公司	电子与信息技术	2
62	北京动力源科技股份有限公司	电子与信息技术	2
63	北京恩源科技有限公司	电子与信息技术	2
64	北京歌华有线电视网络股份有限公司	电子与信息技术	2
65	北京九方中实电子科技有限责任公司	电子与信息技术	2
66	北京理正软件设计研究院有限公司	电子与信息技术	2
67	北京声迅电子有限公司	电子与信息技术	2
68	北京图盟科技有限公司	电子与信息技术	2
69	北京中鸿网略信息技术有限公司	电子与信息技术	2
70	北京中视联数字系统有限公司	电子与信息技术	2
71	彩虹集团公司	电子与信息技术	2
72	大唐电信科技股份有限公司	电子与信息技术	2
73	中国航天时代电子公司	电子与信息技术	2

续表

序号	参与企业名称	所属技术领域	参与行业标准数/项
74	北京同仁堂股份有限公司	生物工程和新医药技术	2
75	中国有色金属实业技术开发公司	新材料及应用技术	2
76	中国建筑材料检验认证中心	新材料及应用技术	2
77	北京科锐配电自动化股份有限公司	先进制造技术	2
78	北京双鹤制药装备有限责任公司	先进制造技术	2
79	北京客立多科技有限公司	现代农业技术动植物优良品种	2
80	北京国电华北电力工程有限公司	新能源与高效节能技术	2
81	北京泰德摩尔古桥空调制造有限公司	新能源与高效节能技术	2
82	北京国电龙源环保工程有限公司	环境保护技术	2
83	北京京城环保产业发展有限责任公司	环境保护技术	2
84	北京市汽车研究所	环境保护技术	2
85	北京爱慕内衣有限公司	其他	2
86	北京华安天泰防爆科技有限公司	其他	2
87	北京星河模板脚手架工程有限公司	其他	2
88	北大方正集团有限公司	电子与信息技术	1
89	北京艾克塞斯科技发展有限责任公司	电子与信息技术	1
90	北京长峰声表面波公司	电子与信息技术	1
91	北京地拓科技发展有限公司	电子与信息技术	1
92	北京鼎汉技术股份有限公司	电子与信息技术	1
93	北京富盛星电子有限公司	电子与信息技术	1
94	北京公科飞达交通工程发展有限公司	电子与信息技术	1
95	北京国通信息系统有限公司	电子与信息技术	1
96	北京国电智深控制技术有限公司	电子与信息技术	1
97	北京合力金桥系统集成技术有限公司	电子与信息技术	1
98	北京寰信通科技有限公司	电子与信息技术	1
99	北京江南科友科技有限公司	电子与信息技术	1
100	北京捷成世纪媒体科技有限公司	电子与信息技术	1
101	北京康拓科技开发总公司	电子与信息技术	1
102	北京蓝拓扑电子技术有限公司	电子与信息技术	1
103	北京清华永新电子有限公司	电子与信息技术	1
104	北京全路通信信号研究设计院	电子与信息技术	1
105	北京润和阳光科技有限公司	电子与信息技术	1
106	北京森泰克语音技术有限公司	电子与信息技术	1
107	北京森德电子技术公司	电子与信息技术	1
108	北京市理化应用技术研究所	电子与信息技术	1
109	北京算通科技发展有限公司	电子与信息技术	1
110	北京天地成名科技有限公司	电子与信息技术	1
111	北京拓尔思信息技术股份有限公司	电子与信息技术	1
112	北京网新中广科技发展有限责任公司	电子与信息技术	1
113	北京握奇数据系统有限公司	电子与信息技术	1

续表

序号	参与企业名称	所属技术领域	参与行业标准数/项
114	北京伍豪数码科技有限公司	电子与信息技术	1
115	北京先进视讯科技有限公司	电子与信息技术	1
116	北京新桥技术发展有限公司	电子与信息技术	1
117	北京星光影视设备科技股份有限公司	电子与信息技术	1
118	北京许继电气有限公司	电子与信息技术	1
119	北京旭硝子电子玻璃有限公司	电子与信息技术	1
120	北京英斯泰克视频技术有限公司	电子与信息技术	1
121	北京中邮绿卡金融网络有限责任公司	电子与信息技术	1
122	北京中科大洋科技发展股份有限公司	电子与信息技术	1
123	北京侏罗纪软件股份有限公司	电子与信息技术	1
124	北矿磁材科技股份有限公司	电子与信息技术	1
125	长城计算机软件与系统有限公司	电子与信息技术	1
126	东芝照明（北京）有限公司	电子与信息技术	1
127	京东方科技集团股份有限公司	电子与信息技术	1
128	日达电子科技（北京）有限公司	电子与信息技术	1
129	神州数码（中国）有限公司	电子与信息技术	1
130	首钢环星触摸电脑有限公司	电子与信息技术	1
131	松下电器研究开发（中国）有限公司	电子与信息技术	1
132	太极计算机股份有限公司	电子与信息技术	1
133	中视数字电视科技有限公司	电子与信息技术	1
134	中国惠普有限公司	电子与信息技术	1
135	新奥特集团	电子与信息技术	1
136	北京百花集团	生物工程和新医药技术	1
137	北京清大天一生物技术有限公司	生物工程和新医药技术	1
138	中谷集团科技总公司	生物工程和新医药技术	1
139	北大先行科技产业有限公司	新材料及应用技术	1
140	北京崇高纳米科技有限公司	新材料及应用技术	1
141	北京国城建业建筑设计咨询有限公司	新材料及应用技术	1
142	北京建工华创科技发展股份有限公司	新材料及应用技术	1
143	北京金汤建筑防水材料有限公司	新材料及应用技术	1
144	北京力博特尔科技有限公司	新材料及应用技术	1
145	北京龙文博达新型建材有限公司	新材料及应用技术	1
146	北京龙达科技开发有限公司	新材料及应用技术	1
147	北京绿伞化学有限公司	新材料及应用技术	1
148	北京仁创科技集团有限公司	新材料及应用技术	1
149	北京特希达科技有限公司	新材料及应用技术	1
150	北京银洲伟业科技发展有限公司	新材料及应用技术	1
151	北京英特莱科技有限公司	新材料及应用技术	1
152	北京中电联众电力技术有限公司	新材料及应用技术	1
153	北京中天锋安全防护技术有限公司	新材料及应用技术	1

续表

序号	参与企业名称	所属技术领域	参与行业标准数/项
154	海尔科化工程塑料国家工程研究中心股份有限公司	新材料及应用技术	1
155	华电管道工程技术有限公司	新材料及应用技术	1
156	中国有色工程设计研究总院	新材料及应用技术	1
157	北京邦鑫佳业技术有限公司	先进制造技术	1
158	北京北方赛时技术有限公司	先进制造技术	1
159	北京长峰金鼎科技有限公司	先进制造技术	1
160	北京东方孚德技术发展中心	先进制造技术	1
161	北京恩菲通用设备科技有限公司	先进制造技术	1
162	北京机电院高技术股份有限公司	先进制造技术	1
163	北京康斯特仪表科技有限公司	先进制造技术	1
164	北京朗禾众鑫真空科技有限公司	先进制造技术	1
165	北京市长城机床附件有限责任公司	先进制造技术	1
166	北京市电加工研究所	先进制造技术	1
167	北京万源工业公司	先进制造技术	1
168	北京新型材料建筑设计研究院有限公司	先进制造技术	1
169	北京新兴超越科技开发有限公司	先进制造技术	1
170	北京奕山科技有限公司	先进制造技术	1
171	北人印刷机械股份有限公司	先进制造技术	1
172	施耐德（北京）低压电器有限公司	先进制造技术	1
173	中钞信用卡产业发展有限公司	先进制造技术	1
174	远大空调有限公司	先进制造技术	1
175	安捷伦科技有限公司	先进制造技术	1
176	北京金农科种子科技有限公司	现代农业技术动植物优良品种	1
177	北京克劳沃草业技术开发中心	现代农业技术动植物优良品种	1
178	北京桑普生物化学技术有限公司	现代农业技术动植物优良品种	1
179	国投中鲁果汁股份有限公司	现代农业技术动植物优良品种	1
180	北京东方海联科技发展有限公司	新能源与高效节能技术	1
181	北京华丽联合高科技有限公司	新能源与高效节能技术	1
182	北京市太阳能研究所有限公司	新能源与高效节能技术	1
183	北京硕人时代科技有限公司	新能源与高效节能技术	1
184	北京四方联易科技有限公司	新能源与高效节能技术	1
185	北京中煤矿山工程有限公司	新能源与高效节能技术	1
186	北京中房耐克森科技发展有限公司	新能源与高效节能技术	1
187	蓝星（北京）化工机械有限公司	新能源与高效节能技术	1

续表

序号	参与企业名称	所属技术领域	参与行业标准数/项
188	清华大学电力电子厂	新能源与高效节能技术	1
189	时代集团公司	新能源与高效节能技术	1
190	中油长城钻井有限责任公司	新能源与高效节能技术	1
191	北京百润水艺环境工程技术有限公司	环境保护技术	1
192	北京北林地景园林规划设计院有限责任公司	环境保护技术	1
193	北京波森特岩土技术开发有限公司	环境保护技术	1
194	北京嘉博文生物科技有限公司	环境保护技术	1
195	北京科净源环宇科技发展有限公司	环境保护技术	1
196	北京绿博恒科技发展有限公司	环境保护技术	1
197	北京绿创环保集团有限公司	环境保护技术	1
198	北京世纪静业噪声振动控制技术有限公司	环境保护技术	1
199	北京希达方圆水处理科技有限公司	环境保护技术	1
200	北京冶核技术发展有限责任公司	环境保护技术	1
201	北京中兵北方环境科技发展有限责任公司	环境保护技术	1
202	北京国华电力工程技术有限责任公司	海洋工程技术	1
203	北方国际合作股份有限公司	其他	1
204	北京爱德威通亮技术有限公司	其他	1
205	北京建通兴业环境科技有限公司	其他	1
206	北京青云卓立精密设备有限公司	其他	1
207	北京融科联创电力科技有限公司	其他	1
208	北京首钢工程技术有限公司	其他	1
209	北京振冲工程股份有限公司	其他	1
210	北京中科力爆炸技术工程有限公司	其他	1
211	华油润邦石油工程技术（北京）有限公司	其他	1
212	建研防火设计性能化评估中心有限公司	其他	1
213	路桥集团国际建筑股份有限公司	其他	1
214	中国国际工程咨询公司	其他	1
215	北京握奇智能科技有限公司	电子与信息技术	1

附录三　中关村科技园区参加全国专业标准化技术委员会的企业情况一览表

TC号	TC名称	企业名称	所属技术领域
2	全国微电机标准化技术委员会	北京和利时电机技术有限公司	先进制造技术
4	全国信息与文献标准化技术委员会	北京北大方正电子有限公司	电子与信息技术
		北京北科金安科技发展有限公司	电子与信息技术
5	全国涂料和颜料标准化技术委员会	杜邦红狮（北京）涂料有限公司	新材料及应用技术
		中鼎纪元（北京）国际工程设计有限公司	新能源与高效节能技术
8	全国电工电子产品环境条件与环境试验标准化技术委员会	中化化工科学技术研究总院	新材料及应用技术
		中国航空工业燃机动力（集团）公司	新能源与高效节能技术
10	全国医用电气标准化技术委员会	北京万东医疗装备股份有限公司	先进制造技术
		航卫通用电气医疗系统有限公司	先进制造技术
		北京滨松光子技术股份有限公司	先进制造技术
		北京万东高星电子产品有限责任公司	先进制造技术
		北京超思电子技术有限责任公司	先进制造技术
		北京美高仪软件技术有限公司	电子与信息技术
12	全国海洋船标准化技术委员会	北京中船重工船舶规划发展研究中心	先进制造技术
		中船重工船舶设计研究中心有限公司	海洋工程技术
15	全国塑料标准化技术委员会	中国石化长城润滑油集团有限公司	新能源与高效节能技术
		中国石化咨询公司	其他
19	全国轮胎轮辋标准化技术委员会	北京新兴东方航空技术有限公司	航空航天技术

续表

TC号	TC名称	企业名称	所属技术领域
20	全国能源基础与管理标准化技术委员会	北新建材（集团）有限公司	新材料及应用技术
		北京起重运输机械研究所	先进制造技术
		北京市计科能源新技术开发公司	新能源与高效节能技术
		北京有色金属研究总院	新材料及应用技术
		北京清华阳光能源开发有限责任公司	新能源与高效节能技术
		北京清华阳光能源开发昌平分公司	新能源与高效节能技术
25	全国电气安全标准化技术委员会	华夏空能（北京）机械科学研究院	新能源与高效节能技术
		北京突破电气有限公司	电子与信息技术
		北京西门子通信网络股份有限公司	电子与信息技术
		北京ABB贝利控制有限公司	先进制造技术
		北京ABB电气传动系统有限公司	先进制造技术
26	全国旋转电机标准化技术委员会	华北电力科学研究院有限责任公司	先进制造技术
28	全国信息技术标准化技术委员会	北京六合万通微电子技术有限公司	电子与信息技术
		北京方正科技信息产品有限公司	电子与信息技术
30	全国核仪器仪表标准化技术委员会	北京清华同方思科系统技术有限公司	电子与信息技术
31	全国气瓶标准化技术委员会	北京氦普北分气体工业有限公司	其他
39	全国纤维增强塑料标准化技术委员会	中船重工船舶设计研究中心有限公司	海洋工程技术
42	全国煤炭标准化技术委员会	华北电力科学研究院有限责任公司	先进制造技术
44	全国变压器标准化技术委员会	北京变压器厂有限公司	其他
		中国电力科学研究院	电子与信息技术
		北京国电华北电力工程有限公司	新能源与高效节能技术
48	全国塑料制品标准化技术委员会	北新建材（集团）有限公司	新材料及应用技术
53	全国机械振动、冲击与状态监测标准化技术委员会	北京青云航空仪表有限公司	航空航天技术
		北京机械工业自动化研究所	先进制造技术

续表

TC号	TC名称	企业名称	所属技术领域
55	全国焊接标准化技术委员会	北京有色金属研究总院	新材料及应用技术
57	全国金属与非金属覆盖层标准化技术委员会	北京矿冶研究总院	新材料及应用技术
		钢铁研究总院	新材料及应用技术
60	全国电力电子学标准化技术委员会	中国电力科学研究院	电子与信息技术
		北京景新电气技术开发有限责任公司	先进制造技术
63	全国化学标准化技术委员会	北京有色金属研究总院	新材料及应用技术
		钢铁研究总院	新材料及应用技术
		中国石油化工科技开发有限公司	新材料及应用技术
		北京化二股份有限公司	新材料及应用技术
64	全国食品工业标准化技术委员会	北京康比特运动营养研究所	生物工程和新医药技术
67	全国电器附件标准化技术委员会	北京松下电工有限公司	先进制造技术
		罗格朗（北京）电气有限公司	先进制造技术
		北京突破电气有限公司	电子与信息技术
		北京 ABB 电气传动系统有限公司	先进制造技术
70	全国电焊机标准化技术委员会	时代集团公司	新能源与高效节能技术
		北京时代科技股份有限公司	先进制造技术
74	全国锻压标准化技术委员会	北京机电院高技术股份有限公司	先进制造技术
		北京有色金属研究总院	新材料及应用技术
		北京百慕航材高科技股份有限公司	新材料及应用技术
78	全国半导体器件标准化技术委员会	北京海尔集成电路设计有限公司	电子与信息技术
		北京中星微电子有限公司	电子与信息技术
79	全国无线电干扰标准化技术委员会	北京信威通信技术股份有限公司	电子与信息技术
		华为数字技术有限公司	电子与信息技术
80	全国绝缘子标准化技术委员会	中国电力科学研究院	电子与信息技术
		中国电力工程顾问集团公司	新能源与高效节能技术
81	全国避雷针标准化技术委员会	中国电力科学研究院	电子与信息技术
		北京网联直流工程技术有限公司	新能源与高效节能技术
		华北电力科学研究院有限责任公司	先进制造技术
		中能电力科技开发有限公司	新能源与高效节能技术
		北京突破电气有限公司	电子与信息技术

续表

TC号	TC名称	企业名称	所属技术领域
82	全国电力系统管理及其信息交换标准化技术委员会	中国电力科学研究院	电子与信息技术
		北京四方华能电气设备有限公司	先进制造技术
		北京全路通信信号研究设计院	电子与信息技术
		中国大唐集团科技工程有限公司	环境保护技术
		四方华能电网控制系统有限公司	先进制造技术
86	全国文献影像技术标准化技术委员会	中机生产力促进中心	电子与信息技术
89	全国磁性元件与铁氧体材料标准化技术委员会	北矿磁材科技股份有限公司	电子与信息技术
		北京七星飞行电子有限公司	电子与信息技术
99	全国口腔材料和器械设备标准化技术委员会	北京万东医疗装备股份有限公司	先进制造技术
8	全国工程咨询标准化技术委员会	北京中咨工程设计研究院有限公司	其他
		中国石油化工股份有限公司	新能源与高效节能技术
		华信技术检验有限公司	其他
100	全国安全防范报警系统标准化技术委员会	北京声迅电子有限公司	电子与信息技术
101	全国轻工机械标准化技术委员会	中国皮革和制鞋工业研究院	新材料及应用技术
104	全国电工仪器仪表标准化技术委员会	北京三鼎光电仪器有限公司	先进制造技术
106	全国医用输液器具标准化技术委员会	北京伏尔特技术有限公司	先进制造技术
113	全国消防标准化技术委员会	北京世宗智能有限责任公司	先进制造技术
		华瑞科力恒（北京）科技有限公司	先进制造技术
		北京狮岛消防电子有限公司	先进制造技术
114	全国汽车标准化技术委员会	北京北方车辆新技术开发总公司	新能源与高效节能技术
116	全国麻醉和呼吸设备标准化技术委员会	北京航天长峰股份有限公司医疗器械分公司	先进制造技术
119	全国制冷标准化技术委员会	钢铁研究总院	新材料及应用技术
124	全国工业过程测量和控制标准化技术委员会	施耐德（北京）低压电器有限公司	先进制造技术
		施耐德（北京）中压电器有限公司	先进制造技术
		北京布莱迪仪器仪表有限公司	先进制造技术
		北京市北分仪器技术公司	先进制造技术
		北京北分麦哈克分析仪器有限公司	先进制造技术
		北京市华云分析仪器研究所有限公司	环境保护技术
		北京机械工业自动化研究所	先进制造技术
		北京华控技术有限责任公司	电子与信息技术

续表

TC号	TC名称	企业名称	所属技术领域
124	全国工业过程测量和控制标准化技术委员会	北京和利时系统工程股份有限公司	电子与信息技术
132	全国量具量仪标准化技术委员会	机械科学研究总院	先进制造技术
145	全国压缩机标准化技术委员会	北京京城环保产业发展有限责任公司	环境保护技术
		北京中科安瑞科技有限责任公司	电子与信息技术
146	全国技术产品文件标准化技术委员会	中机生产力促进中心	电子与信息技术
152	全国缝制机械标准化技术委员会	北京北方天鸟智能科技股份有限公司	先进制造技术
		北京兴大豪科技开发有限公司	电子与信息技术
154	全国量度继电器和保护设备标准化技术委员会	北京四方继保自动化股份有限公司	电子与信息技术
		中国电力工程顾问集团公司	新能源与高效节能技术
		北京国电华北电力工程有限公司	新能源与高效节能技术
159	全国工业自动化系统与集成标准化技术委员会	北京艾克斯特科技有限公司	电子与信息技术
		北京机械工业自动化研究所	先进制造技术
		北京 ABB 贝利控制有限公司	先进制造技术
		北京金蝶软件系统技术有限公司	电子与信息技术
		北京希门信息技术有限公司	电子与信息技术
		北京和佳软件技术有限公司	电子与信息技术
		北京发那科机电有限公司	电子与信息技术
165	全国电子设备用阻容元件标准化技术委员会	北京七一八友益电子有限责任公司	电子与信息技术
		北京元六鸿远电子技术有限公司	电子与信息技术
167	全国电真空器件标准化技术委员会	彩虹集团公司	电子与信息技术
		京东方科技集团股份有限公司	电子与信息技术
		北京松下彩色显像管有限公司	电子与信息技术
170	全国印刷标准化技术委员会	北京北大方正电子有限公司	电子与信息技术
175	全国水轮机标准化技术委员会	中国华电工程（集团）有限公司	其他
178	全国玻璃仪器标准化技术委员会	北京清华阳光能源开发有限责任公司	新能源与高效节能技术
180	全国金融标准化技术委员会	中国人民银行印制科学技术研究所	先进制造技术

续表

TC号	TC名称	企业名称	所属技术领域
182	全国频率控制和选择用压电器件标准化技术委员会	北京晨晶电子有限公司	电子与信息技术
184	全国水泥标准化技术委员会	中国建筑材料检验认证中心	新材料及应用技术
192	全国印刷机械标准化技术委员会	北人印刷机械股份有限公司	先进制造技术
193	全国耐火材料标准化技术委员会	北京通达耐火技术有限公司	新材料及应用技术
		北京瑞泰高温材料科技股份有限公司	新材料及应用技术
201	全国农业机械标准化技术委员会	中国农业机械化科学研究院	先进制造技术
202	全国电力架空线路标准化技术委员会	中国电力工程顾问集团公司	新能源与高效节能技术
		北京国电华北电力工程有限公司	新能源与高效节能技术
		北京电力工程公司	新材料及应用技术
205	全国建筑物电气装置标准化技术委员会	北京西门子通信网络股份有限公司	电子与信息技术
		北京博超世纪软件技术有限公司	电子与信息技术
206	全国气体标准化技术委员会	北京有色金属研究总院	新材料及应用技术
		北京氦普北分气体工业有限公司	其他
208	全国机械安全标准化技术委员会	中机生产力促进中心	电子与信息技术
209	全国纺织品标准化技术委员会	中国纺织工业设计院	新材料及应用技术
217	全国有或无电气继电器标准化技术委员会	北京中科通电子信息技术有限公司	电子与信息技术
221	全国医疗器械质量管理和通用要求标准化技术委员会	北京万东医疗装备股份有限公司	先进制造技术
222	全国互感器标准化技术委员会	中国电力科学研究院	电子与信息技术
		北京华明电光源工业有限责任公司	新能源与高效节能技术
224	全国照明电器标准化技术委员会	北京松下电工有限公司	先进制造技术
		北京松下照明光源有限公司	新能源与高效节能技术
226	全国高压电气安全标准化技术委员会	中国大唐集团科技工程有限公司	环境保护技术
		中国电力科学研究院	电子与信息技术
		中国电力工程顾问集团公司	新能源与高效节能技术
		中国华电工程（集团）有限公司	其他

续表

TC号	TC名称	企业名称	所属技术领域
231	全国工业机械电气系统标准化技术委员会	北京首科凯奇电气技术有限公司	先进制造技术
		北京兴大豪科技开发有限公司	电子与信息技术
		北京凯恩帝数控技术有限责任公司	先进制造技术
235	全国弹簧标准化技术委员会	机械科学研究总院	先进制造技术
236	全国滑动轴承标准化技术委员会	中机生产力促进中心	电子与信息技术
237	全国管路附件标准化技术委员会	中机生产力促进中心	电子与信息技术
		中国华电工程（集团）有限公司	其他
238	全国冷冻空调设备标准化技术委员会	远大空调有限公司	先进制造技术
		北京金万众空调制冷设备有限责任公司	新能源与高效节能技术
		北京天利深冷设备股份有限公司	先进制造技术
240	全国产品尺寸和几何技术规范标准化技术委员会	中机生产力促进中心	电子与信息技术
243	全国有色金属标准化技术委员会	有研亿金新材料股份有限公司	新材料及应用技术
		北京矿冶研究总院	新材料及应用技术
246	全国电磁兼容标准化技术委员会	中国电力科学研究院	电子与信息技术
		北京电铁通信信号勘测设计院有限公司	电子与信息技术
247	全国汽车维修标准化技术委员会	北京金铠星科技有限公司	环境保护技术
248	全国医疗器械生物学评价标准化技术委员会	北京有色金属研究总院	新材料及应用技术
		有研亿金新材料股份有限公司	新材料及应用技术
258	全国雷电防护标准化技术委员会	北京突破电气有限公司	电子与信息技术
262	全国锅炉压力容器标准化技术委员会	中国纺织工业设计院	新材料及应用技术
		中国大唐集团科技工程有限公司	环境保护技术
274	全国畜牧业标准化技术委员会	北京克劳沃草业技术开发中心	现代农业技术动植物优良品种
275	全国环保产品标准化技术委员会	北京国电龙源环保工程有限公司	环境保护技术
279	全国纳米技术标准化技术委员会	钢铁研究总院	新材料及应用技术
284	全国光辐射安全和激光设备标准化技术委员会	北京奥依特科技有限责任公司	先进制造技术

续表

TC号	TC名称	企业名称	所属技术领域
285	全国墙体屋面及道路用建筑材料标准化技术委员会	中国建筑材料检验认证中心	新材料及应用技术
286	全国标准化原理与方法标准化技术委员会	中机生产力促进中心	电子与信息技术
288	全国安全生产标准化技术委员会	中国皮革和制鞋工业研究院	新材料及应用技术
290	全国城市轨道交通产品标准化技术委员会	北京和利时系统工程股份有限公司	电子与信息技术
		北京全路通信信号研究设计院	电子与信息技术
296	全国电力监管标准化技术委员会	中国电力科学研究院	电子与信息技术
297	全国电工电子产品与系统的环境标准化技术委员会	北京突破电气有限公司	电子与信息技术
		北京ABB电气传动系统有限公司	先进制造技术
		中机生产力促进中心	电子与信息技术
		诺基亚（中国）投资有限公司	电子与信息技术
		中国惠普有限公司	电子与信息技术
		摩托罗拉（中国）技术有限公司	电子与信息技术
		北京吉天仪器有限公司	先进制造技术
		北京瑞利分析仪器公司	先进制造技术
299	全国紫外线消毒标准化技术委员会	北京安力斯科技发展有限公司	环境保护技术
300	全国电工电子产品着火危险试验标准化技术委员会	中机生产力促进中心	电子与信息技术
301	全国电气绝缘材料与绝缘系统评定标准化技术委员会	北京新福润达绝缘材料有限责任公司	新材料及应用技术
302	全国家用纺织品标准化技术委员会	中国纺织工业设计院	新材料及应用技术
305	全国制鞋标准化技术委员会	中国皮革和制鞋工业研究院	新材料及应用技术
309	全国氢能标准化技术委员会	北京有色金属研究总院	新材料及应用技术
		北京飞驰绿能电源技术有限责任公司	新能源与高效节能技术
310	全国风险管理标准化技术委员会	北京第一会达风险管理科技有限公司	电子与信息技术
318	全国生铁及铁合金标准化技术委员会	钢铁研究总院	新材料及应用技术
		北京首钢工程技术有限公司	其他
319	全国洁净室与相关受控环境标准化技术委员会	北京航天长峰股份有限公司	先进制造技术
		北京世源希达工程技术公司	其他
320	全国市场、民意与社会调查标准化技术委员会	央视市场研究股份有限公司	电子与信息技术

续表

TC号	TC名称	企业名称	所属技术领域
321	全国电力设备状态维修与在线监测标准化技术委员会	中国电力科学研究院	电子与信息技术
		中国大唐集团科技工程有限公司	环境保护技术
		华北电力科学研究院有限责任公司	先进制造技术
		北京电力工程公司	新材料及应用技术
		北京国华电力技术研究中心有限公司	新能源与高效节能技术
322	全国电气化学标准化技术委员会	中国电力科学研究院	电子与信息技术
323	全国电磁屏蔽材料标准化技术委员会	婷美集团康美婷科技发展（北京）有限公司	生物工程和新医药技术
324	全国高压直流输电工程标准化技术委员会	北京网联直流工程技术有限公司	新能源与高效节能技术
		中国电力科学研究院	电子与信息技术
		北京国电华北电力工程有限公司	新能源与高效节能技术
327	全国遥感技术标准化技术委员会	二十一世纪空间技术应用股份有限公司	电子与信息技术
		北京视宝卫星图像有限公司	其他
328	全国建筑施工机械与设备标准化技术委员会	北京建研机械科技有限公司	先进制造技术
330	全国高原电工产品环境技术标准化技术委员会	北京ABB贝利控制有限公司	先进制造技术
331	全国连续搬运机械标准化技术委员会	北京起重运输机械研究所	先进制造技术
		中国华电工程（集团）有限公司	其他
332	全国工业车辆标准化技术委员会	北京现代京城工程机械有限公司	其他
333	全国高压直流输电设备标准化技术委员会	中国电力工程顾问集团公司	新能源与高效节能技术
334	全国土方机械标准化技术委员会	北京市三一重机有限公司	先进制造技术
		卡特彼勒技术研发（中国）有限公司	先进制造技术
335	全国升降工作平台标准化技术委员会	北京起重运输机械研究所	先进制造技术
336	全国微机电技术标准化技术委员会	中机生产力促进中心	电子与信息技术
		北京青鸟元芯微系统科技有限责任公司	电子与信息技术
337	全国绿色制造技术标准化技术委员会	中机生产力促进中心	电子与信息技术
		北京机电院高技术股份有限公司	先进制造技术

续表

TC号	TC名称	企业名称	所属技术领域
338	全国测量、控制和实验室电器设备安全标准化技术委员会	北京时代之峰科技有限公司	先进制造技术
		北京华控技术有限责任公司	电子与信息技术
342	全国燃料电池标准化技术委员会	北京飞驰绿能电源技术有限责任公司	新能源与高效节能技术
		北京有色金属研究总院	新材料及应用技术
		北京金能燃料电池有限公司	新能源与高效节能技术
343	全国项目管理标准化技术委员会	中国人民银行印制科学技术研究所	先进制造技术
351	全国公共安全基础标准化技术委员会	中机生产力促进中心	电子与信息技术
354	全国殡葬标准化技术委员会	中国机动车辆安全鉴定检测中心	其他
355	全国石油天然气标准化技术委员会	中石油中亚天然气管道有限公司	新能源与高效节能技术
356	全国制药装备标准化技术委员会	北京双鹤制药装备有限责任公司	先进制造技术
		北京国药龙立科技有限公司	先进制造技术
359	全国航空货运及地面设备标准化技术委员会	北京阳光之路特种车辆技术有限公司	新能源与高效节能技术
364	全国机动车运行安全技术检测设备标准化技术委员会	北京金铠星科技有限公司	环境保护技术
367	全国机床数控系统标准化技术委员会	北京凯恩帝数控技术有限责任公司	先进制造技术
		北京航天数控系统有限公司	先进制造技术
374	全国质量监管重点产品检验方法标准化技术委员会	中国农业机械化科学研究院	先进制造技术
		北京百花蜂产品科技发展有限公司	生物工程和新医药技术
376	全国电站过程监控及信息标准化技术委员会	北京国华电力技术研究中心有限公司	新能源与高效节能技术
		中国电力工程顾问集团公司	新能源与高效节能技术
		北京国电智深控制技术有限公司	电子与信息技术
381	全国防腐蚀标准化技术委员会	昊华精细化工总公司	新材料及应用技术
		北京有色金属研究总院	新材料及应用技术
382	全国分离膜标准化技术委员会	蓝星环境工程有限公司	新能源与高效节能技术
		中国纺织工业设计院	新材料及应用技术
383	全国饮食加工设备标准化技术委员会	北京机电院高技术股份有限公司	先进制造技术

续表

TC号	TC名称	企业名称	所属技术领域
384	全国饲料机械标准化技术委员会	中国农业机械化科学研究院	先进制造技术
		北京大北农科技集团有限责任公司	现代农业技术动植物优良品种
		北京现代洋工机械科技发展有限公司	现代农业技术动植物优良品种
387	全国生化检测标准化技术委员会	诺维信（中国）投资有限公司	生物工程和新医药技术
391	全国网络文化服务标准化技术委员会	北京瑞得在线信息技术有限公司	其他
		北京方正科技信息产品有限公司	电子与信息技术
		同方股份有限公司	电子与信息技术
		联想（北京）有限公司	电子与信息技术
		新浪网技术（中国）有限公司	电子与信息技术
		北京奥华创新教育科技有限公司	电子与信息技术
392	全国文化娱乐场所标准化技术委员会	北京百酷视点科技发展有限公司	电子与信息技术
		北京视翰科技有限公司	电子与信息技术
		北京北阳电子技术有限公司	电子与信息技术
		浪潮（北京）电子信息产业有限公司	电子与信息技术
394	全国文化艺术资源标准化技术委员会	北京北科金安科技发展有限公司	电子与信息技术
		清华同方股份有限公司	电子与信息技术
395	全国食品用洗涤消毒产品标准化技术委员会	北京绿伞化学有限公司	新材料及应用技术
397	全国食品直接接触材料及制品标准化技术委员会	北京百花蜂产品科技发展有限公司	生物工程和新医药技术
402	全国太阳能标准化技术委员会	北京北方赛尔太阳能工程技术有限公司	新能源与高效节能技术
		北京四季沐歌太阳能技术有限公司	新能源与高效节能技术
		北京清华阳光能源开发有限责任公司	新能源与高效节能技术
403	全国参茸产品标准化技术委员会	北京同仁堂天然药物有限公司	生物工程和新医药技术

续表

TC号	TC名称	企业名称	所属技术领域
407	全国棉花加工标准化技术委员会	北京中棉紫光棉业科技有限公司	生物工程和新医药技术
		北京中棉紫光生物科技有限公司	生物工程和新医药技术
		北京中棉机械成套设备有限公司	现代农业技术动植物优良品种
409	全国冶金设备标准化技术委员会	中冶连铸技术国家工程研究中心有限责任公司	先进制造技术
		中冶京城工程技术有限公司	先进制造技术
411	全国电器设备网络通信接口标准化技术委员会	北京亚控科技发展有限公司	电子与信息技术
412	全国电工专用设备标准化技术委员会	中国电工设备总公司	电子与信息技术
413	全国输配电用电力电子器件标准化技术委员会	北京金自天正智能控制股份有限公司	先进制造技术
414	全国醇醚燃料标准化技术委员会	北京清研利华科技发展有限公司	新能源与高效节能技术
		北京雄韬伟业能源科技发展有限公司	新能源与高效节能技术
415	全国产品回收利用基础与管理标准化技术委员会	中商集团经济合作有限公司	生物工程和新医药技术
421	全国生物芯片标准化技术委员会	博奥生物有限公司	生物工程和新医药技术
		北京爱普益生物科技有限公司	生物工程和新医药技术
423	全国设备监理工程咨询标准化技术委员会	北京网联直流工程技术有限公司	新能源与高效节能技术
		华北电力科学研究院有限责任公司	先进制造技术
		大唐电信科技产业控股有限公司	电子与信息技术
		中国电力工程顾问集团公司	新能源与高效节能技术
		中煤国际工程集团北京华宇工程有限公司	新能源与高效节能技术
		北京国电华北电力工程有限公司	新能源与高效节能技术
		北京起重运输机械研究所	先进制造技术
424	全国短路电流计算标准化技术委员会	中国电力科学研究院	电子与信息技术
		中国电力工程顾问集团公司	新能源与高效节能技术
		中国华电集团发电运营有限公司	其他
425	全国宇航技术及应用标准化技术委员会	航天东方红卫星有限公司	航空航天技术
		中国航天时代电子公司	电子与信息技术
		北京时代民芯科技有限公司	电子与信息技术

续表

TC号	TC名称	企业名称	所属技术领域
426	全国智能建筑及居住区数字化标准化技术委员会	建研科技股份有限公司	电子与信息技术
		中外建设信息有限责任公司	电子与信息技术
		北京宽网社区数字化建设有限公司	电子与信息技术
		联想（北京）有限公司	电子与信息技术
		北京昆腾微电子有限公司	电子与信息技术
		北京研华兴业电子科技有限公司	电子与信息技术
		北京金音源管理科技有限公司	电子与信息技术
		北京东方信联科技有限公司	电子与信息技术
		北京海尔广科数字技术有限公司	电子与信息技术
427	全国航空电子过程管理标准化技术委员会	北京青云航空仪表有限公司	航空航天技术
428	全国带轮与带标准化技术委员会	北京起重运输机械研究所	先进制造技术
429	全国化工机械与设备标准化技术委员会	北京光宇五环科技有限公司	先进制造技术
		北京科净源环宇科技发展有限公司	环境保护技术
		蓝星环境工程有限公司	新能源与高效节能技术
430	全国磁记录材料标准化技术委员会	北矿磁材科技股份有限公司	电子与信息技术
		中钞信用卡产业发展有限公司	先进制造技术
		北京凯雷科技开发中心	其他
431	全国光学功能薄膜材料标准化技术委员会	京东方科技集团股份有限公司	电子与信息技术
432	全国数码影像材料与数字印刷材料标准化技术委员会	北京科印近代印刷技术有限公司	新材料及应用技术
		北京银月精铝科技有限公司	新材料及应用技术
436	全国包装机械标准化技术委员会	中机生产力促进中心	电子与信息技术
456	全国体育标准化技术委员会	北京华体联合科技有限公司	其他
		北京利亚德电子科技有限公司	电子与信息技术
		中机生产力促进中心	电子与信息技术
457	全国电池材料标准化技术委员会	建研科技股份有限公司	电子与信息技术
		中冶集团建筑研究总院	新材料及应用技术

续表

TC号	TC名称	企业名称	所属技术领域
460	全国石材标准化技术委员会	北京中材人工晶体有限公司	新材料及应用技术
461	全国人工晶体标准化技术委员会	北京中材人工晶体有限公司	新材料及应用技术
		烁光特晶科技术有限公司	新材料及应用技术
		北京雷生强式科技有限责任公司	新材料及应用技术
		北京国晶辉红外光学科技有限公司	新材料及应用技术
462	全国邮政业标准化技术委员会	北京中铁快运物流科技有限公司	其他
466	全国特殊膳食标准化技术委员会	北京同仁堂健康药业股份有限公司	生物工程和新医药技术
470	全国社会信用标准化技术委员会	北京海尔信息科技有限公司	电子与信息技术
		联想（北京）有限公司	电子与信息技术
472	全国饮料标准化技术委员会	国投中鲁果汁股份有限公司	现代农业技术动植物优良品种

附录四 全国专业技术委员会秘书处分布情况一览表

序号	TC秘书处所在地	数量/个
1	北京市	268
2	上海市	35
3	江苏省	19
4	陕西市	18
5	辽宁省	13
6	河南省	13
7	天津省	10
8	广东省	10
9	四川省	10
10	浙江省	9
11	黑龙江省	8
12	安徽省	8
13	山东省	7
14	湖北省	6
15	甘肃省	5
16	吉林省	4
17	河北省	4
18	广西壮族自治区	4
19	山西省	4
20	湖南省	2
21	重庆市	1
22	福建省	1
23	内蒙古自治区	1
24	江西省	1
25	云南省	1
总计		462

注：数据截至2008年年底

附录五　中关村科技园区参加工信部标准工作组的企业情况一览表

序号	工作组名称	企业名称	所属技术领域
1	电子产品污染防治标准工作组	通标标准技术服务有限公司	其他
		中国惠普有限公司	电子与信息技术
2	卫星定位应用系统标准工作组	北京超图地理信息技术有限公司	电子与信息技术
		北京灵图软件技术有限公司	电子与信息技术
		北京瑞图万方科技有限公司	电子与信息技术
3	锂离子电池安全标准工作组	北大先行科技产业有限公司	新材料及应用技术
		北京华大智宝电子系统有限公司	电子与信息技术
		北京中星微电子有限公司	电子与信息技术
		联想（北京）有限公司	电子与信息技术
		摩托罗拉（中国）技术有限公司	电子与信息技术
		诺基亚（中国）投资有限公司	电子与信息技术
		三洋能源（北京）有限公司	电子与信息技术
4	电子产品安全标准工作组	彩虹集团公司	电子与信息技术
5	Linux 标准工作组	北京法国电信研发中心有限公司	电子与信息技术
		北京即时俊业软件有限公司	电子与信息技术
		北京金山软件有限公司	电子与信息技术
		北京普天慧讯信息技术有限公司	电子与信息技术
		冲浪平台（中国）软件技术有限公司	电子与信息技术
6	移动存储器标准工作组	普天信息技术研究院	电子与信息技术
		大恒鼎芯科技有限公司	电子与信息技术
		北京华旗资讯数码科技有限公司	电子与信息技术
		联想（北京）有限公司	电子与信息技术

续表

序号	工作组名称	企业名称	所属技术领域
7	中文语音交互技术标准工作组	北京捷通华声语音技术有限公司	电子与信息技术
		首都信息发展股份有限公司	电子与信息技术
		北京得意音通技术有限责任公司	电子与信息技术
8	新一代高密度视盘标准工作组	北京凯诚高清电子技术有限公司	电子与信息技术
		北京火马微电子技术有限公司	电子与信息技术
		联想（北京）有限公司	电子与信息技术
		中电科技电子信息系统有限公司	电子与信息技术
9	信息处理产品用耗材标准工作组	惠普公司	电子与信息技术
10	有线数字电视机顶盒卡分离接口标准工作组	北京海尔集成电路设计有限公司	电子与信息技术
		北京握奇数据系统有限公司	电子与信息技术
11	企业信息化标准工作组	神州数码管理系统有限公司	电子与信息技术
		北京和佳软件技术有限公司	电子与信息技术
		北京希门信息技术有限公司	电子与信息技术
		英克科技有限公司	电子与信息技术
		北京并捷信息技术有限公司	电子与信息技术
12	信息设备资源共享协同服务标准工作组	北京六合万通微电子技术有限公司	电子与信息技术
		北京世纪豪杰计算机技术有限公司	电子与信息技术
		易达讯网络科技（北京）有限公司	电子与信息技术
13	数字音视频编解码技术标准工作组	北京博维时代科技有限责任公司	电子与信息技术
		北京东鸟软件技术有限公司	电子与信息技术
		北京海尔集成电路设计有限公司	电子与信息技术
		北京恒通视讯科技发展有限公司	电子与信息技术
		北京凯思昊鹏软件工程技术有限公司	电子与信息技术

续表

序号	工作组名称	企业名称	所属技术领域
13	数字音视频编解码技术标准工作组	北京蓝拓扑电子技术有限公司	电子与信息技术
		北京灵思信息系统有限公司	电子与信息技术
		北京泉舜广恒科技有限公司	电子与信息技术
		北京三星通信技术研究有限公司	电子与信息技术
		北京时代互动传媒技术有限公司	电子与信息技术
		北京世纪豪杰计算机技术有限公司	电子与信息技术
		北京数氧通信息科技有限公司	电子与信息技术
		北京算通科技发展有限公司	电子与信息技术
		松下电器研究开发（中国）有限公司	电子与信息技术
		闻亭数字系统（北京）有限公司	电子与信息技术
		新奥特硅谷视频技术有限责任公司	电子与信息技术
		中科开元信息技术（北京）有限公司	电子与信息技术
14	税控收款机标准工作组	意中希诺达国际商用设备有限公司	电子与信息技术
15	网络信息组织标准工作组	北京标杆网络技术有限公司	电子与信息技术
		百度在线网络技术（北京）有限公司	电子与信息技术
16	综合智能交通电子信息系统标准工作组	北京华恒通信息系统开发有限责任公司	电子与信息技术